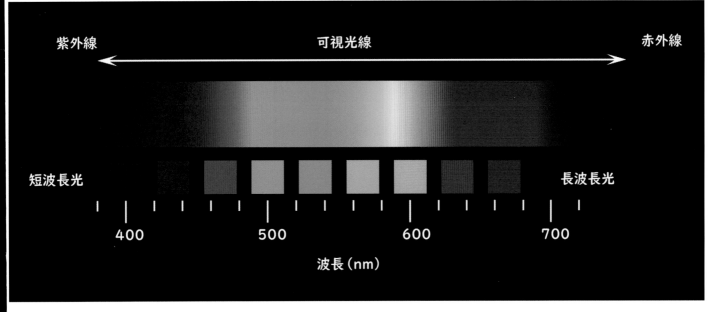

口絵図1 可視光線の色と波長

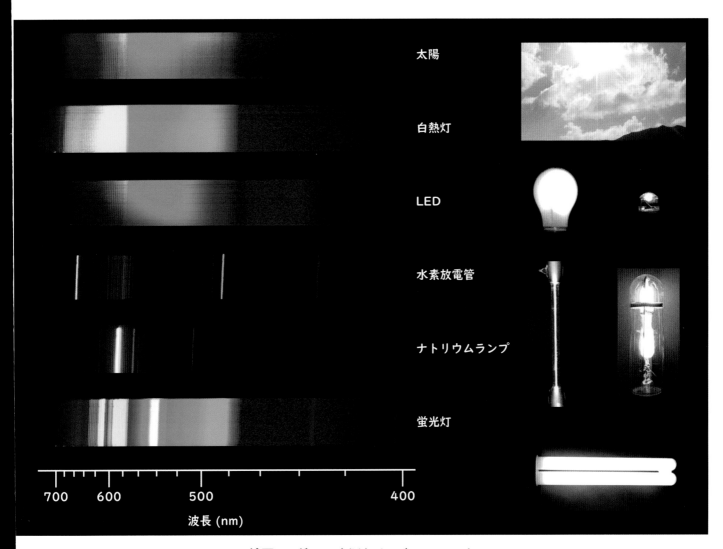

口絵図2 種々の光源とその光のスペクトル

理系基礎化学実験

第 3 版

村田静昭
伊藤英人
珠玖良昭
長尾征洋
共　著

学術図書出版社

理系基礎化学実験　ホームページ補助教材について

　「化学実験ホームページ」は，理系基礎化学実験の内容をよく理解ための補助教材である．予めテキストをよく読みホームページを見ることにより，実験の流れや注意点の理解が進む．このようなやり方で予習を行い実験に臨めば，実験時間を有効に利用できるだけでなく，安全に実験に取り組むことができる．また，レポートの書き方の解説も掲載しているので，レポート作成の際の補助教材としても活用してもらいたい．

化学実験ホームページ

https://www.ilas.nagoya-u.ac.jp/Chem_Exp/index.html

も く じ

第1章　共通基本事項

1.1　基礎化学実験のねらいと実験に臨む基本姿勢 ………………………………………… 2

1.2　実験の安全について ……………………………………………………………………… 3

1.3　実験室における一般的注意 ……………………………………………………………… 3

1.4　基礎化学実験における共通基礎事項 …………………………………………………… 4

　　1.4.1　水と器具の洗浄 …………………………………………………………………… 4

　　1.4.2　廃棄物 ……………………………………………………………………………… 4

　　1.4.3　薬品の取り扱い …………………………………………………………………… 5

　　1.4.4　測定値の取り扱い ………………………………………………………………… 5

　　1.4.5　器具の種類と使用法 ……………………………………………………………… 6

　　1.4.6　機器類の使用法と注意 …………………………………………………………… 9

　　1.4.7　実験の基本操作 ………………………………………………………………… 10

第2章　無機イオンの反応とイオン平衡

2.1　無機イオンの反応と金属イオンの系統的分析 ……………………………………… 16

　　2.1.1　無機イオン定性分析と液量の把握 …………………………………………… 17

　　2.1.2　塩類の溶解度 …………………………………………………………………… 18

　　2.1.3　溶液のpHと水酸化物の沈殿生成 …………………………………………… 23

　　2.1.4　硫化物イオンの平衡と硫化物の沈殿生成 …………………………………… 25

2.2　無機イオン混合物の分離と確認 (未知試料の分析) ………………………………… 29

第3章　合　　成

3.1　アセチルサリチル酸の合成 …………………………………………………………… 34

　　3.1.1　アセチルサリチル酸の合成 …………………………………………………… 34

　　3.1.2　融点測定 ………………………………………………………………………… 35

3.2　トリスオキサラト鉄 (III) 酸カリウムの合成 ……………………………………… 37

　　3.2.1　トリスオキサラト鉄 (III) 酸カリウムの合成 ……………………………… 37

　　3.2.2　トリスオキサラト鉄 (III) 酸カリウムの光化学反応 ……………………… 38

3.3　鈴木・宮浦カップリング反応による蛍光色素合成 ………………………………… 39

　　3.3.1　鈴木・宮浦カップリング反応 ………………………………………………… 39

　　3.3.2　クロマトグラフィーと薄層クロマトグラフィー (TLC) …………………… 40

　　3.3.3　蛍光ソルバトクロミズム ……………………………………………………… 46

第4章　容量分析と滴定

4.1　酸・塩基滴定と滴定曲線 ·· 52

    4.1.1　1価の酸の滴定 ·· 54

    4.1.2　多価の酸の滴定 ·· 55

4.2　酸化還元滴定と水のCOD測定 ·· 57

4.3　キレート滴定 ·· 60

第5章　電磁波のエネルギーとスペクトル

5.1　様々な光源の発光スペクトル ·· 64

    5.1.1　原子スペクトルと原子の構造 ··· 64

    5.1.2　各種光源の発光スペクトル ·· 68

5.2　物質の構造と吸収スペクトル ·· 69

    5.2.1　吸光光度法による濃度の測定 ··· 69

    5.2.2　分子の吸収スペクトルと溶液の平衡 ··· 73

第6章　化学反応の速度とエネルギー

6.1　化学的振動反応 ·· 70

6.2　ヨウ素イオンの分解反応 ·· 82

第7章　レポートの書き方

1

共通基本事項

1.1 基礎化学実験のねらいと実験に臨む基本姿勢

自らの手で実験を行い，目で結果を確認し，記録し，わかりやすく報告する．

皆さんが，化学についてこれまでに学んだことやこれから学んでいく事柄について，実験しながら理解を深めることは，基礎化学実験[*1]の目的の1つではあるがそれだけではない．ある化学反応や分析について，その理論，物質の構造や反応分析の条件を講義や書物などから学ぶことはできる．しかし，実際の化学反応やその様子，状態 (色，臭い) の変化，装置の扱い方や実験操作などの詳細を，正確に文字で表現し伝えることは困難である．さらに，書物やインターネットの記述は，著者の目や考え方を通して記述されており，必ずしもありのままの事象を伝えているものばかりではない．参考書類に集められている実験の写真や映像も，連続的に変化しているある一瞬を切り出したもので，結果が際立つように工夫して撮影されており，実際に体験できるものとは異なって感じることが多い．近年コンピュータ上で擬似実験プログラムを使ったドライラボなどの教育も盛んになってきたが，実際に器具や薬品を使って実験を行わないと，薬品の臭いや様子，反応に伴う発 (吸) 熱や溶液の粘度や屈折率の変化など，文字や画面上の映像には正しく表せない多くの情報を掴み取ることができない．このような主題とは一見かけ離れているようで見逃されがちな情報が，科学の分野における新たな発見のヒントになることも多い．自らの手で様々なことに気を配りながら実験し，行った操作，見知ったこと，生じた疑問点の全てを書き残す訓練を積むことこそが，これから科学を学ぼうとする皆さんに対して提供されている基礎化学実験の最大の目的である．さらに，実験を通じて知り得たこと，それをもとに考えたことやその根拠，理由を他の人にわかりやすく伝えることを学ぶのも目的である．

皆さんは，基礎化学実験の授業の成果を高めるために，実験開始前，実験室内，実験終了後それぞれにおいて少なくとも次のようなことを守り授業に臨むことが大切である．まず実験開始前に，テキストを読み手順や要点をフローチャートに作成しておく．有意義な実験を行うためには，単にテキストをそのままフローチャートとして書き写すのではなく，実験の目的や基本原理を理解することが重要である．また，どのような機械，器具，物質を扱うのかを知り，それらの特性・安全な扱い方を調べ理解することによって，スムーズにそして安全に実験を進めることができる．基礎化学実験のホームページに掲載されている動画はこのようなものの理解に役立つであろう．さらに，目的に適った実験を行うために実験中に何に注意をすべきかを考え，どのような結果が得られるかを予測することも大切である．ここでわからないことや疑問点などがあればノートに記録し，できる限り参考書などで調べておく．このような予習は，いずれ皆さんが卒業研究などを行うときに自身で研究の計画を立てるときの礎となる．実験前に行われる実験講義では，実験に関する化学，実験操作や安全に関する個別の注意事項などについて説明されるので，聞き落としなどがないように注意深く講義に臨むことが大切である．疑問点などを，講義時間中に質問することも有意義である．予習段階で生じた疑問点が残っていたら，必ず実験を始めるまでに教員やティーチングアシスタント (TA) に質問して明らかにしておく．実験室中は，常に自分の手先，教員や TA の助言に注意を払いながら，操作や反応に伴う

[*1] 一般的な化学実験を意図する表現と区別するために，本書『理系基礎化学実験』で実施する実験を「基礎化学実験」と表記する．

変化を見落とすことなく観察し，自分が行った実験操作や変化，結果など，実験に関する全てのことを実験ノートに記録しておかなければならない．実験終了後は，速やかに実験ノートの記録に基づいて課題やレポートを作成する．実験中に考えたことや得られた貴重な情報は，そのままでは時間の経過とともに失われてしまう．レポート作成中に生じた疑問もできるだけ早く解明しておくことが大切である．レポートの書き方の基本事項は本書の最後や基礎化学実験のホームページに述べてあるので参考にしてほしい．

1.2　実験の安全について

化学実験では，人体や自然環境に危害を及ぼす恐れのある薬品や，高温，高電圧，真空減圧，紫外光などの危険な条件を使用することもあるので，中毒，熱傷，外傷などの身体的被害や火災，環境汚染などの被害が生じる恐れがある．これらの危険から身を守り安全に実験を行うには，別途配布される「全学教育科目実験・安全の手引き」を熟読し，以下に記載する注意事項や教員や TA の注意を忠実に守ることが必要である．合理的かつ入念に設定された安全に関するルールや手順を遵守すれば，実験や化学薬品の取り扱いを安全に実施でき，皆さんは基礎化学実験を通して危険な薬品の取り扱いや装置の安全な操作を体験することになる．もちろん化学実験は実験を安全に行うことが最重要課題となっている．「安全に関する注意やルールを遵守しないで実験すること」や「安全性を試すような実験をすること」は絶対に許されない．このような実験を安全に行う意識は，今後皆さんが行う実験，実習，研究においても重要である．

1.3　実験室における一般的注意

実験室内では，飲食は厳禁である．また，飲食物を実験室内に持ち込んでもいけない．実験室内では，必ず安全めがねを着用し，動きやすい服装やはきもので臨む．皮膚，衣服への薬品の付着を防ぐために，実験衣 (白衣や作業着) や実験用手袋を着用すること．加熱された器具や回転中の遠心分離機などに毛髪が接触する事故や，毛髪への薬品の付着を防ぐため，長髪の人はヘアゴムなどで束ねる．実験に必要のないものは，実験室に入室する前に所定のロッカーに入れ，実験の邪魔にならないようにする．遅刻をしない．遅刻は，実験開始前に行う実験の説明や安全に関する諸注意を聞きもらすばかりでなく，共同実験者にも多大な迷惑をかける．実験室に入ったら，まず非常口，非常シャワー，洗眼器などの安全設備の位置を確認する．実験開始前に実験台をよく絞った雑巾で拭き，実験器具に不備 (不足，破損，汚れ) がないかを確認する．テキスト (本書) や実験ノート，筆記用具など必要なもののみを実験台上に置き，実験中も常に実験台上を整理しきれいに使用するように心がける．雑然とした実験台は事故の遠因となる．また，こぼれた薬品やガラス片などを放置すると怪我の元となるので注意する．実験終了後には，使用した器具をよく洗浄し，共通で使用した機械も清掃する．次の実験者が直ちに実験できるように使用前と同じ状態に戻す．

1.4 基礎化学実験における共通基礎事項

1.4.1 水と器具の洗浄

水道水は種々の不純物を含むので実験に用いるには適さない．基礎化学実験ではイオン交換樹脂を用いて精製した脱イオン水を用いる．薬品を溶かして溶液を作るとき，溶液を薄めるとき，沈殿を洗うときなど薬品に加える水は，脱イオン水でなければならない．脱イオン水は，直接給水口から使用するのではなく，ポリエチレン製の洗浄ビン（洗ビン，図1.1）に入れて使用する．洗ビンは，チューブの先端や内部を汚染させないように注意しなければならない．

図1.1 洗浄ビン

実験で使用したガラス器具は，廃液を所定の容器などに捨て，第2次洗浄液まで回収した後，水道水で（要すればブラシと洗剤を用いて）よく洗い，数回水道水ですすぎ，その後水道水中の不純物を洗い流すために脱イオン水ですすいでから使用する．乾燥が必要な器具は，脱イオン水ですすいだものを，埃などが入らないように注意して自然乾燥させる．ピペット類を洗うには，ゴムキャップを外して先端を折らないように注意して水道水，脱イオン水の順ですすぐ．汚れの少ないピペットを実験中に簡単に洗うときは，ビーカーに入れた脱イオン水を吸い上げてから捨てる操作を3，4回繰り返せばよい．誤って薬品を吸い込んだりしてゴムキャップを薬品で汚染した場合は，ガラス器具と同様に洗浄後，自然乾燥させる．

1.4.2 廃 棄 物

化学実験によって環境問題を起こしてはならない．実験者はその実験によって排出される廃棄物，廃液まで責任をもたなければならない．基礎化学実験において，廃棄物の種類によって処理の仕方が異なるので，分別に注意し廃棄しなければならない．分別や廃棄の仕方がわからないときは，必ず教員やTAなどから指示を受ける．

a. ごみの分別

実験から発生する廃棄物（実験廃棄物）は，一般廃棄物と区別して回収されている．一般廃棄物は，大学で実施している分別ルールに従って，包装に使われているプラスチックなどの不燃物と紙類などの可燃ごみなどに分別する．実験に用いたもの，および実験に使われたと予測されるものは，全て実験廃棄物として処分しなければならない．たとえ水など安全なものにのみ使用されたものであっても，ガラス器具などは実験廃棄物となる．実験廃棄物は，薬品が付着した雑巾や紙などの可燃物，ピペットやビーカーなどのガラス類，電球や放電管，ゴムやプラスチックチューブなどに分別して廃棄する．薬品が付着した器具類は，洗浄してから捨てる．分別は実験室に指示されている．

b. 廃液

実験室の排水は公共下水道に放流されている．実験室内のドラフトチャンバー（以下ドラフトと表記する）や流しからの排水は，公共下水道と連結する貯水槽（モニター槽）で水質の監視が行われている．重金属類や有機溶媒などの薬品を含む廃液を下水道に放流することは絶対に許されない．これらの廃液は，実験室内および教員の指示に従い所定の廃液タンクに分別して回収し，絶対に流しに捨ててはならない．器具の洗浄水も，第2次洗浄水[*2]までは薬品を含む廃液として回収する．第3次洗浄水や最後のすすぎに用いた脱イオン水は，流しに捨ててもかまわない．その他，実験で発生した廃棄

物は必ず指示された方法で回収または廃棄されなければならない.

1.4.3 薬品の取り扱い

薬品ビン内に入れる薬さじ,スパーテルおよびピペットは,洗浄乾燥された未使用のもの,もしくは同じ薬品にのみ使用したものを用いる.試薬ビンに付属するピペットは,必ず使用後直ちにもとのビンに戻す.ピペットが入れ替わることで不純物が混入し,実験の妨げとなり,他者の実験にも影響を与えるので十分に注意する.

固体の薬品を秤量するときは,電子天秤上に秤量皿や対角線状に軽く折り目をつけた薬包紙等を置き,その上で薬品秤量する.電子天秤の上や周辺に薬品がこぼれた場合は,使用後にきれいにふき取る.

1.4.4 測定値の取り扱い

実験中,様々な測定器を用い得られたデータから結果を導くための計算を行う.数値の示し方によってデータの精度を表すので数値の取り扱いは重要である.

a. 測定値の読み取りと有効数字

測定値(計量や計測から得られる値)は不連続な数値と単位との積で表される.この数値は,位取りの 0 と確かな数字 n 個と確かそうであるが不確かな数字 1 個からなっている.たとえば,測定数値として 0.0123 という値が得られたのであれば,はじめの 2 個の 0 は「位取りの 0」であり,次の 1 と 2 は「確かな数字」,末尾の 3 は「確かそうであるが不確かな数字」であり,この有効数字は「確かそうであるが不確かな数字」までを含めた 3 桁である.有効数字と位取りを区別しやすくするためには,1.23×10^{-2} のように指数で表すとよい.

測定機器の表示には,機器が換算した値を目盛で表示するアナログ表示と,数値で表示するデジタル表示がある.滴定実験で用いるビュレットのメニスカスの読みなどアナログ表示では,表示されている目盛の 1/10 の桁まで目測し,この目測で読んだ値が「確かそうであるが不確かな数字」になる.また,天秤などのデジタル表示の読みでは表示されている桁をその装置を使用するときの有効数字とし,末尾が 0 であっても記録する.たとえば 0.01230 と読み取ったとき,有効数字は 4 桁であり,先のように 0.0123 と表示したときとは精確さが異なるので,記録するときに注意する.記録の仕方によって,有効数字が失われてあいまいなデータとなる.

計算機を使用して計算を行うと,次のように表示桁数いっぱいに表示されることが多い.

$$1.23 \div 0.456 = 2.697368421 \cdots$$

このような場合にも,有効数字を考えてその桁数分のみを書く.上記の場合,有効数字は 3 桁であるから 2.70 である.

b. 測定値と誤差

真の値,すなわち正しい値は連続する無限数であるため,必ず「真の値」と「測定値」との間には差が生じる.これが誤差である.化学実験などで多くみられる誤差の原因として以下の 3 つが挙げら

---

*2 付着している薬品や溶液を完全に取り去った後,1 回目に水洗いしたときに発生した洗浄水を第 1 次洗浄水,以下第 2 次洗浄水,第 3 次洗浄水,… と呼ぶ.

れる.

① 現象そのものの性質によるもの

母集団における個体差, 制御できない測定環境, 測定装置のゆらぎによるものがあり, 平均値から一様にばらつきが現れる正規分布が見られる. これは確率的に起こる誤差である. 測定時の温度や湿度の変化によるデータの変化の場合は, 空調設備や恒温槽による調節などを行って誤差を小さくするが, 厳密な設定は難しい. また, 測定器のゆらぎによる誤差も, より精度の高い機器を用いることや測定方法を変更するなどの工夫をしてもそれ以上小さくできない場合は, 確率的に処理できる誤差と考える.

② 測定器や観察者, 測定者による誤差

機器の不具合や正しく設置されていないため, または測定者が未熟であるという原因によって測定値に再現性がないことがある. また, 特定の機器を使用したときや特定の個人が測定を行ったときに真の値から偏った一定方向に測定値がずれることもある. このようなものは確率的ではない誤差である. 前者については, 機器を交換するか校正することでなくすことができる. 後者には, 予備実験を行い測定者が実験操作に慣れること, 同一の実験について機器を変更して測定すること, 測定者を交代することなどによって補正することができる.

③ 測定器の精度および計算における数値の処理による誤差

機器の目盛の正確さや数値処理によるものである. 真の値と測定時の有限な値 (読み取れる桁には限度がある) との差, および数値を四捨五入したり切り捨てたりした分が誤差となる. この場合, 機器の精度, 測定時の読み取り桁数, 数値をどの桁で処理したかが影響する. しかし, 機器の精度を上げたからといって必ずしも正確性を増すとは限らない. たとえば, ノイズやバックグラウンドが測定値に対して大きくなることもある.

誤差の要因を極力排除することは大切である. しかし, 思い込みで測定やデータの処理を行うことによって, データの読み取りや結果の解釈を誤まることのないように注意してほしい. 学生実験では決められた装置を使用し, 決められた手順で実験を行う. また, 1 度しかその実験を行う機会はないので先に挙げたような予備実験を行うことはできない. したがって, 各自が取り除くことのできる誤差の原因は限られている. 誤差が生じた場合は, 何が誤差の原因か, またその対策を考えることが次によりよい実験を行うために重要である. また, 実験後にデータの精度と誤差の原因について検討できるように, 実験日とともに測定条件 (温度, 湿度など), 測定方法や測定機器の種類, 測定者氏名, 測定に要した時間などを記録しておくことも大切である.

1.4.5 器具の種類と使用法

a. 測容器の種類と共通する使用法

液体の体積を正確に求めることは, 物質量のわかっている薬品から正確な濃度の溶液を作る操作の基本となる. また, 濃度のわかっている溶液を正確に薄める操作や, 溶液の濃度から溶質の物質量 (モル) を求める操作でも重要である. 溶液の調製や反応には, 全体の体積や操作 (加熱, 撹拌など) に応じてビーカー, フラスコ (三角フラスコ, ナス型フラスコなど), 試験管などを用いる. ビーカーやフラスコに刻まれている目盛は, 正確ではない. 目安にはなるが, これで精密な体積を量ることはでき

ない．液体の体積の目安計量用には駒込ピペット，注射器，目盛付き試験管を用いることもできる．

液体を計量するには，体積，必要とする精度，操作に応じて，メスシリンダー，メスフラスコ，ピペット [ホールピペット，メスピペット，精密分注器 (ピペットマン)，駒込ピペット]，ビュレット (ガイスラー型，モール型) などを用いる．これらの計量器具には壁面に付けられた目盛線がある．液体の体積測定を行うに当たっては，液体のメニスカス (液面) 底部を目盛線と比較する (図 1.2)．この場合，図 1.2 のように眼を液体のメニスカス底部と同じ高さにし，視線を水平にして読まなくては正確な値が得られない．またメニスカスを読むときは最小目盛の 1/10 の桁まで目測で読まなければならない．

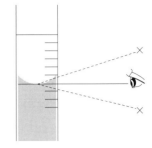

図 1.2 メニスカスを読むときの正しい視線

ガラスは，わずかではあるが熱を加えると不可逆的に膨張し，冷却してももとの容積にはもどらない．したがって，精密に体積を計量する器具を，乾燥のため加熱したり，濃硫酸と水のように混合によって発熱する液体を測容器の中で混ぜたりすることは，避けるべきである．測容器を使用する際は，きれいに洗浄したものを使用しなくてはならない．壁面に汚れが付着したものを用いると，液が流出したあと器壁にかなりの量の液が付着して残るので，誤差が大きくなる．使用済の測容器で同じ溶液を測るときにはそのまま用いればよい．他の溶液に使用するときは，水洗後，続いて脱イオン水でよくすすぎ，その後次に使う溶液少量で数回すすぐ (共すすぎ) ことを行うか，器具によっては脱イオン水でぬれたものをそのまま使ってもかまわない．どの器具が脱イオン水でぬれたまま使えるかは，次の b に説明した測容器の特性を考えればわかる．

b. 測容器の特性と使用法

汎用する各測容器の特性と基本的な使用法を示す．

ⓐ メスシリンダー (図 1.3)

メスシリンダーは目盛まで入れた液を完全に出したときに，目盛の体積の液体を取り出せる．水平な安定した台 (机) 上で扱う．液を入れるとき必ず他方の手でメスシリンダーを保持すること．机上に置いたまま，保持しないで液を入れると，途中でメスシリンダーを転倒させてしまうことがある．

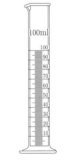

図 1.3 メスシリンダー

ⓑ メスフラスコ (図 1.4)

標準溶液の作成や，溶液の正確な希釈に用いられる．メスフラスコは標線まで液を入れたとき，内容積が正確にメスフラスコに表示してある量になる．個々のメスフラスコは校正して正確な体積を決めておかなければならないが，化学実験では表示された体積の 1/100 mL の位まで有効数字があるものとして扱う．所定量の溶液をホールピペットなどで正確に量り取り，標線まで溶媒で満たした後，すり合わせガラス栓をしてフラスコを逆さにし，よくふりまぜて溶液の濃度を一様にする．溶媒は注意深く加え，メニスカス近くなったら洗ビンや駒込ピペットを使い少しずつ加える．少量の固体を内部に量り取り，溶媒を加えて溶液を作ることもできる．個々の器具によって少しずつ栓の大きさやフラスコの口径が異なるので，栓とフラスコに刻まれている番号が一致して

図 1.4 メスフラスコ

いるかを確認する．またすり合わせガラス栓は失われやすいので十分注意すること．

ⓒ ホールピペット (図1.5左)

　ホールピペットは，標線まで吸い上げた液体を完全に排出させたとき，正確にその体積の液体を取り出す器具である．この場合も1/100 mLまで有効数字があるものとして実験を行う．薬品 (溶液) を扱うときは，安全ピペッターもしくは注射器 (シリンジ) を用いてホールピペットに液を吸い上げる．ホールピペットは次の手順で使用する．

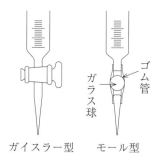

図1.5 ホールピペット (左) とメスピペット (右).

① ピペットの先端を小分けした溶液の中に差し込む．深く差し込まないように注意する．

② 液をメニスカスの底が標線のわずか上に来るまで吸引する．安全ピペッターや注射器の内部まで吸い上げないようにする．メニスカスの底部が標線に一致するように液面の高さを調節する．液をピペットから押し出すときには，ピペットの先端を溶液の外に出して行う．

③ 液を押し出す．少量がピペットの先端に残ったときは，安全ピペッターや注射器を外さずにそのままで，ホールピペットのふくらみを握る．体温で内部の空気が膨張して残液を押し出すことができる．常に残液 (器具のぬれ方) が一定になるようにしないと，誤差の原因となる．

ⓓ メスピペット (図1.5右)

　目盛線によって表示量以下の任意の液量を量りとることができる．ピペットの先端まで目盛が刻まれたものと，太い部分にだけ刻まれたものがあるので，使用する前に目盛の刻み方を確認する必要がある．次のビュレットと同じように，最初の目盛線の読みと最後の目盛線の読みとの差が取り出した液量となる．目盛線の1/10まで目測で読み取るので，有効数字はその位になる．

ⓔ ビュレット (図1.6)

　滴定を行う際に，流し出した溶液の体積を量る器具である．この場合も，最初の目盛線の読みと最後の読みとの差が取り出した液量となる．通常のビュレットは0.1 mLが最小目盛なので，その場合の有効数字は1/100 mLの位となる．光により分解しやすい試薬を用いる場合は褐色ビュレットを，その他の場合は無色ビュレットを用いる．滴下量の調節方法には，塩基以外の溶液にはガイスラー型，ガラスを侵す塩基性溶液にはモール型ビュレットまたはフッ素樹脂製コックの付いたガイスラー型ビュレットが適している．ガイスラー型の場合は片手でビュレットを保持し，他方の手で活栓を操作し液を滴下する．穴の開き具合によって滴下の速度を調節する．また，モール型のビュレットはガラス球の入っている部分のゴム管をつまんで隙間を作り，液を滴下する．やはり隙間の大きさで滴下量を調節する．ビュレットを垂直に保持しないと誤差が生じる．また，視差が生じないように視線を水平にして液量を読み取ることにも注意する．ビュレットから液を滴下するとき，あまり速く流すと上部の壁面に液が付着しているのでこれによって誤差を生じやすい．滴下量を測定する手順を以下に記す．

① ゼロの目盛線の上まで溶液を満たす．

② ビュレットを十分な液を流出させて，空気を先端から追い出し，活栓もしくはガラス球の下の先端まで液を満たす．

③ メニスカスの底部をゼロの目盛線か，またはその下 (目盛のある領域) までもってくる．メニスカスの位置を最小目盛の 1/10 まで目測で読み取って記録する．所要の液量を流し出し，再びメニスカスの位置を最小目盛の 1/10 まで読んで記録する (図 1.7)．図 1.7 の例では 21.17 mL となる．2 つの読み取り値の差が，流し出した溶液の体積である．

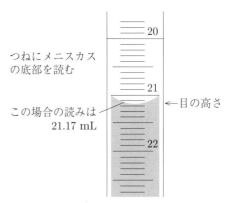

図 1.7 ビュレットの液量の読み取り方

1.4.6 機器類の使用法と注意

化学実験でよく用いる機器類の使用法を以下に示す．

a. 電子天秤

質量の測定は，物質量 (モル) を求める基本操作であり，前に説明した体積を求める操作とともに定量分析の基本となる．操作法についてよく理解し，常に正確な値が得られるように，正しい取り扱いや保守に努めなければならない．電子天秤は秤量できる最大値と精度 (読みとれる最小値) によって用途が区別される．精度が 10 mg の位までの電子天秤は，皿の上で直接薬品を取り出して秤量するために使用できる．電子天秤を使って質量を測定するためには正確な分銅を使って校正を行う必要がある．基礎化学実験では質量を厳密に知る必要はないので，電子天秤の読み (重量) を質量と等しいものとして扱う．

電子天秤は常によく清掃し丁寧に扱うこと．振動や風は秤量に影響するので，秤量時は窓を閉め，空調機などの風が当たらないように注意する．また，電子天秤本体の位置を動かしてはいけない．電子天秤の水平に狂いを生じ，測定した値も信頼できなくなる．電子天秤は，本体にある水準器を使い足の高さを調節して水平に設置する．秤量には秤量ビンやビーカー，秤量皿，薬包紙を使用し，はかり皿に直接薬品を載せてはならない．秤量には必ず乾燥した器具を用いる．ぬれたままの器具を使って秤量をすると，誤差の原因となるばかりか，液体が内部に入ると機械部分の故障の原因ともなる．

秤量に用いる容器をはかり皿に静かに載せて，TARE のボタンを押し 0.00 g に表示を合わせる．実験で用いる電子天秤は 0.01 g まで読み取ることができる．秤量用の容器，薬包紙に試薬を載せ，デジタル表示が安定したら値を読み取り，秤量値とする．なお，試薬を必要とする器具に移した後，秤量容器および薬包紙にその試薬が残った場合は，その重さを測り，最初の表示との差を秤量値とする．TARE ボタンを押すと，電子天秤が自動的に現在の表示を 0.00 g に変えてしまうので，空の容器の重さを差し引いた表示が得られるので便利である．しかし，始めの重さと終りの重さの差を求めるような場合，途中でこのボタンを押すと正しい値が求められなくなるので注意する．

b. ホットプレート

基礎化学実験では，加熱にホットプレートを用いる．種類によって操作法が異なるので，詳細は実験室に備えられている説明を読むこと．ここでは，取り扱い上の注意点のみを挙げる．赤熱したトッププレート上の温度は 600 ℃ 以上になる．皮膚の接触による火傷，紙や布，薬品の接触による火事が

起きやすいので，周辺に可燃性のものや薬品を置かないように注意する．事故の予防として，実験台上を整理することも大切である．ヒーターに薬品をこぼした場合は，すぐに電源を切りヒーターの温度が下がってから薬品を拭き取る．大量の水をこぼした場合も，高温の水滴が飛び散り，やけどの危険がある．薬品をこぼしたときと同様に一度電源を切り，トッププレートが冷えてから水分を拭き取り使用する．

1.4.7　実験の基本操作

特殊な機械や操作については各実験の項で述べる．ここではよく行う機器の使用法や操作について説明する．

a.　加熱

基礎化学実験では，引火事故を減すためにホットプレートを用いて全ての加熱を行う．ビーカー中の溶液を熱する場合は，強度を調節したホットプレートの上にのせて加熱する．試験管や遠心沈殿管 (遠沈管) を熱するときは水浴を使う (図1.8)．水浴には，7分目程度まで湯を入れたビーカーをホットプレート上で熱したものを用いる．このとき水浴に用いている水が跳ねて試料に混入しないように，水量およびホットプレートの加熱強度に気を付ける．また，空だきにならないように予備の湯を用意してこまめに足し，使用しないときは節電のためホットプレートの電源を切る．溶液の加熱濃縮にはカセロールを使用する (図1.9)．カセロールを熱するときは，ホットプレートの上に乗せ，火傷に注意しながら時々揺り動かす．加熱直後の熱いカセロールに水などを加えると熱ショックで破損するので，4〜5分間放置し自然に冷却してから加える．

図1.8　水浴

図1.9　カセロールの使い方

実験書中では加熱の度合いや温度を次のように示す．

蒸発乾固する：こげつかないように注意しながら，カラカラになるまで蒸発することである．ほとんど蒸発乾固する：液分がじめじめ残っている程度まで蒸発することである．煮沸する：液内から気泡が続いて出る程度に熱することを意味する．わずかに煮沸する：時々気泡が出る程度に熱することを意味する．

常温または室温：15〜25℃，微温：30〜40℃，冷時は多くの場合15〜20℃，熱時は60℃以上を意味する．

b. 沈殿の取り扱いと分離，洗浄

　基礎化学実験では，沈殿はある物質の存在を確認するためと，ある物質を他の物質から分離するための2つの目的に利用される．無機イオンの反応の実験で，沈殿の生成によってイオンの存在を確かめることは前者に該当する．このとき，類似した沈殿や色の変化を与える他のイオンが溶液中に混入していると，判断を誤らせることになる．このようなことを避けるには，該当するイオンを完全に沈殿として溶液から分離する操作が必要になる．化合物の合成実験では，固体の物質は取り出すことが容易なため，できるだけ沈殿として分離させることが望ましい．その場合でも，当該化合物はできるだけ完全に沈殿させることが収率を低下させないために重要である．

　イオンを分離するために沈殿を作るときには，反応はできるだけ完結させなければならない．この意味は，新たに試薬を加えても，もはやこれ以上沈殿が増加しないところまで完全に沈殿させることである．しかし，むやみに多量の試薬を加えると，いったん生じた沈殿が再び溶けたり，溶液中に残った試薬が次の操作を妨害することがある．試薬は必要かつ十分な量に止めておくのが原則である．このためには，まず検液に少量の試薬を滴下して，よく混ぜた後に遠心分離を行い，その上澄液にさらに試薬を1滴加えて新たな沈殿の生否を観察し，沈殿が生じる場合にはさらに少量の試薬を滴下する操作を繰り返す．この際，決して一度に多量の試薬を加えてはならない．

　ある程度の溶解性がある物質を沈殿させる場合，温度による溶解度の差にも注意が必要である．合成実験で作られた化合物を沈殿として取り出す場合，多くの物質は低温ほど溶解度が小さいので溶液を十分に冷却することが必要である．結晶性の沈殿は，結晶が成長するのに時間がかかるので，すぐに分離するのではなくしばらく静置して十分に結晶化を完結させてから分離することも大切である．

　沈殿を母液から分離する方法としてデカンテーション，ろ過，遠心分離が使われる．沈殿の分離の最も基本的な方法はろ過である．ろ過には，静水圧の差を利用する常圧ろ過と，減圧(吸引)または加圧による圧力差を利用する方法がある．後者(基礎化学実験では図1.10に示す吸引ろ過を用いる)は，ろ過や沈殿の洗浄が迅速に行えるだけでなく，沈殿を圧搾して液体を効率よく取り除けるために沈殿を取り出すことが必要な場合によく利用される．ろ過に用いるフィルターは，ろ過される沈殿の粒子より目の細かいもので，ろ過の方法，母液の性質，沈殿が必要かろ液が必要かなどの条件に応じて選

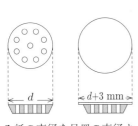

ろ紙の直径を目皿の直径より2〜3 mm大きく切る．

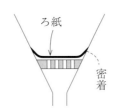

ろ紙のふちを漏斗の内壁に密着させる．

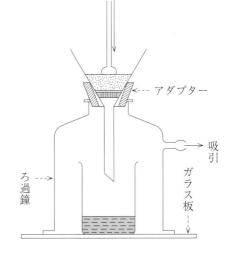

図1.10

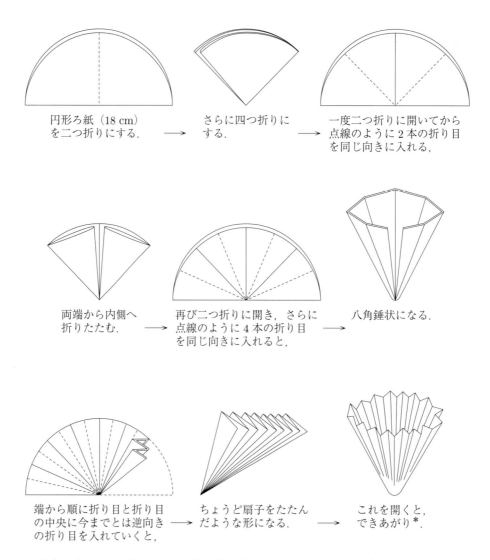

円形ろ紙（18 cm）を二つ折りにする．　→　さらに四つ折りにする．　→　一度二つ折りに開いてから点線のように2本の折り目を同じ向きに入れる，

両端から内側へ折りたたむ．　→　再び二つ折りに開き，さらに点線のように4本の折り目を同じ向きに入れると，　→　八角錘状になる．

端から順に折り目と折り目の中央に今までとは逆向きの折り目を入れていくと，　→　ちょうど扇子をたたんだような形になる．　→　これを開くと，できあがり*．

* 注意：すべての折り目を中心まできっちりつけると，中心部 (底) が弱くなり，ろ過するとき破れやすい．特に扇子状に折りたたむときには折り目を中心までいれないようにすること．

図 1.11

ばれなければならない．フィルターには，紙，再生繊維 (セルロース)，半合成繊維 (酢酸セルロース)，合成樹脂 (ポリエステル，フッ素樹脂)，ガラス繊維などの材料で作られたろ紙がよく用いられる．それ以外に，脱脂綿，ガラス綿，ガラスフィルター，海砂，セライトなどが用いられることもある．基礎化学実験では紙製のろ紙を使う．紙は，強酸など一部の薬品以外には侵されることが少なく，フィルターとして優れた材料であるが，機械強度が小さく破れやすく目詰まりしやすいという欠点がある．沈殿が必要な場合はろ紙を使った吸引ろ過 (図 1.10) が適している．常圧ろ過は，主にろ液が必要な場合に用いられる方法で，ろ過を迅速に行うために円筒形に折ってロートに貼り付けたりひだ状に折ったり (折り方，図 1.11 を参照) して使用される．

　少量の沈殿を集めるとき，ろ過を用いると沈殿がろ紙に詰まったり付着して失われる割合が大きくなる．また，微細な沈殿やコロイド状の沈殿をろ過で集めるのは難しい．このような場合には遠心分離が適している．遠心分離は，沈殿と液との分離が速やかに行われる．沈殿が圧縮されるので少量の

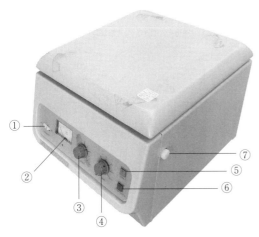

図 1.12 遠心分離機

① 電源 ② 回転速度メーター ③ 回転速度調節つまみ ④ タイマー ⑤ 回転開始ボタン ⑥ 回転停止ボタン ⑦ ふた開ボタン

沈殿を容易に観察し取り扱えるなどの利点がある．しかし，大量の沈殿の分離には適さない．電気火花で引火するので，普通の遠心機では引火性溶媒を含んだサンプルを分離してはいけない．遠心分離には専用の遠心管と遠心分離機 (図 1.12) が用いられる．遠心管には機械的強度が十分なガラス管を用いる必要がある．ここで用いる遠心分離機では，普通の試験管を使用すると試験管の底が破損しやすいので，基礎化学実験では遠心分離には必ず先が尖った遠沈管を使用する．また，遠沈管を用いると，沈殿が先端部分に集まり沈殿の観察や取り出しがしやすいという利点もある．試料液をいっぱいに入れると遠心機内でこぼれることがあるので，試料の量は遠沈管の上端から 4 cm ぐらい下までを上限とする．遠心分離では，必ず回転軸を中心として左右のバランスをとらなければならない．このためには天秤などを用いなければならないが，基礎化学実験で行うような少量のサンプルの分離では，沈殿の入った液を入れた遠心管と反対側に同量の水を入れたもう 1 本の遠心管を入れることで間に合う (図 1.13)．わずかなバランスの違いは機械が自動的に補正できるようになっているが，うまくバランスがとれていないときには機械が激しく振動するので，直ちに回転を停止させなければならない．基礎化学実験で使う遠心分離機は毎分 2500～3000 回転にまで達し，ふつうの沈殿であれば最高回転に達した後 10～30 秒程度で完全に沈殿と上澄み液とに分離できる．上澄み液はピペットを使ったデカンテーションによって取り出す．沈殿は細いスパーテルでかき出すか，少量の水などの溶媒を加

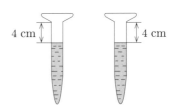

図 1.13 試料の入れ方

① 尖形管の上端から液面まで少なくとも 4 cm あることが必要
② 本並べて目分量により，できるだけ等量にする．

えてよくかき混ぜ，ピペットで吸い出してろ紙の上に沈殿が広がらないようにゆっくりと落とすとよい．もしその次に沈殿に水または溶液を加える操作があれば，それを加えてかきまぜ，沈殿を液とともにピペットで吸い取って移す．

ゲル状の沈殿は，目詰まりしやすいのでろ過は不向きで遠心分離するのがよいが，量が多いときに

はデカンテーションを用いる．試料をビーカーや試験管に入れ静置して沈殿をできるだけ沈ませる．沈殿の層の表面をかき乱さないようにゆっくりと傾けて上澄み液だけを別のビーカーなどの容器に移す．上澄み液が少ないときや試験管を使ったときには，沈殿を乱さぬようにしてピペットを液面のわずか下までさしこみ上澄み液を静かに吸い上げて別の容器に移すピペットを使ったデカンテーションが便利である．

このようにして分離された沈殿にはろ液や上澄み液が付着しているので，洗浄しなければならない．常圧ろ過では，ろ紙の上に残った沈殿は上から純粋な溶媒をかけるようにして洗う．ろ液が必要な場合はろ紙全体に染み込んだ母液を洗い流すように溶媒をかけて洗う．吸引ろ過で集めた沈殿は，いったん吸引を止めてから沈殿の上から純粋な溶媒をかけるように加え，沈殿全体が液で覆われるようになったら吸引する．この操作を2,3回繰り返す．遠心分離で上澄み液を除いた沈殿では，少量の溶媒を加えよくかき混ぜた後遠心分離し上澄みを除く操作を2,3回繰り返して洗浄する．デカンテーション (図1.14) でも同じく，少量の溶媒を加えよくかき混ぜた再度上澄みを除く操作を2,3回繰り返して洗浄する．

図1.14 デカンテーション　　　　　　**図1.15** 上澄み液のとり出し方

集めた沈殿は，大きなろ紙の間に挟んでできるだけ圧搾した後，乾いたろ紙上に広げて風乾させるか，シャーレなどに広げて真空デシケーター中で減圧乾燥させる．水は特に乾き難く乾燥に時間がかかるので，沈殿がエタノールのように水と混ざり合う溶媒に溶け難い場合は最後にこの溶媒で洗うと乾燥が早くなる．

2

無機イオンの反応とイオン平衡

2.1 無機イオンの反応と金属イオンの系統的分析

この項目では沈殿生成反応や錯形成反応といった水溶液中の無機イオンの平衡反応について理解し，溶液中の反応の原理を学ぶ．ここで学ぶ無機イオン塩の溶解性や錯イオンに関する性質をうまく利用すると，金属イオンの系統的な分離分析を行うことができる．この系統分離として，金属イオンの塩化物，硫化物および水酸化物の生成反応による分類 (I〜IV 類) と，その各類に含まれる複数のイオンに最適な反応を組み合わせることで，複数のイオンから1種類ずつ分離する実験を行う．最後にそれぞれのイオンに特有な反応をする試薬を用いて各イオンの存在を確認する．

沈殿の生成や溶解反応と，錯イオン形成やその他の金属イオン確認反応を組み合わせると，表 2.1 に示したように2種類の金属イオン混合物から一方だけを分離することが可能となる．イオン ① はイオン ② との混合物から表に示された性質の違いを用いて分離することができる．それぞれのイオンに特有の着色物を与える反応は，金属イオンの種類を判定するのに役立ち，分離したイオンの確認反応として用いることができる．しかし，分離が不十分であると，異なるイオンの着色物によって目的のイオンの確認が困難となることや，誤認を引き起こす原因となるため，確認反応を用いてイオンの種類を判定するには事前の沈殿反応の際に他のイオンが混ざらないよう完全に分離[*1]しておくことが大切である．さらに，1つの反応結果だけに頼らず，沈殿生成反応や確認反応といった複数の反応の結果に基づいて判定することも重要である．

表2.1 金属イオン混合物の分離

		②					
		Pb^{2+}	Cu^{2+}	Al^{3+}	Fe^{3+}	Zn^{2+}	Ni^{2+}
①	Ag^+	塩化物沈殿の高温時難溶性	塩化物沈殿の難溶性	塩化物沈殿の難溶性	塩化物沈殿の難溶性	塩化物沈殿の難溶性	塩化物沈殿の難溶性
	Pb^{2+}	—	水酸化物がアンモニアに不溶	酸性溶液から硫化物の沈殿生成	酸性溶液から硫化物の沈殿生成	酸性溶液から硫化物の沈殿生成	酸性溶液から硫化物の沈殿生成
	Cu^{2+}	—	—	酸性溶液から硫化物の沈殿生成	酸性溶液から硫化物の沈殿生成	酸性溶液から硫化物の沈殿生成	酸性溶液から硫化物の沈殿生成
	Al^{3+}	—	—	—	水酸化物が過剰のアルカリに可溶	水酸化物がアンモニアに不溶	水酸化物がアンモニアに不溶
	Fe^{3+}	—	—	—	—	水酸化物がアンモニアに不溶	水酸化物がアンモニアに不溶
	Zn^{2+}	—	—	—	—	—	硫化物が希塩酸に可溶

[*1] 沈殿と上澄液のそれぞれに異なるイオンを含む試料を分離する際は，沈殿が混入しないよう注意深く上澄みを取り分け，沈殿を適切な溶媒で洗浄することで，イオンの混入を防ぐ．

(1) 薬品の取り扱い

無機イオンの反応実験においては，金属イオンや確認試薬はすべて溶液として準備されている．金属イオンの溶液や確認試薬，酸塩基は各実験台に備え付けのスポイド瓶から，反応用の遠心沈殿管 (遠沈管) に滴下する．実験台備え付けの薬品のセットは 1 グループ 1 セットずつ用意されている．微量であっても異なる薬品の混入は実験結果に大きな影響を与えることがあるので，スポイド瓶の溶液を取るときは必ず付属のスポイドを使い，使用後直ちにもとの瓶に戻すこと．有毒なガスや臭気を発生する実験に用いる薬品はドラフト内に準備されている．このような薬品は，ドラフト内で遠沈管に取り分け反応を行い，反応が完結し有毒なガスや臭気の発生が収まってからドラフト外へ持ち出すこと．本書では，ドラフト内で行う実験操作は，アミ掛け で示してある．

実験に使用する薬品

(各実験台)

6 M 酸塩基溶液 (HCl, HNO$_3$, NH$_3$, NaOH)

0.05 M 金属イオン溶液 (AgNO$_3$, Pb(NO$_3$)$_2$, Fe(NO$_3$)$_3$, Al(NO$_3$)$_3$, Cu(NO$_3$)$_2$, Ni(NO$_3$)$_2$, Zn(NO$_3$)$_2$)

確認試薬溶液 (3 M NH$_4$Cl, 1.5 M K$_2$CrO$_4$, 0.1 M NH$_4$NCS, 1％アルミノン, 4 M 酢酸ナトリウム–酢酸, 0.5％ジメチルグリオキシム)

(ドラフト)

0.25 M K$_3$[Fe(CN)$_6$], 0.25 M K$_4$[Fe(CN)$_6$], 1 M チオアセトアミド

(共通試薬置き場)

3 M H$_2$SO$_4$, 6 M CH$_3$COOH

注) 濃度はモル濃度 (mol/L) を M で表示する.

(2) 機械・器具

以下の機械は周囲の者と共同で使用する．実験台上にホットプレート，サイド実験台に遠心分離機 (使用方法と注意はいずれも第 1 章を参照する) が設置してある．

その他，下に示した器具は，1 グループに 1 セットずつ用意されている．

実験器具

遠沈管 ×9 本，目盛付き遠沈管，パスツールピペット

点滴皿，カセロール，ガラス棒，ホットプレートおよび水浴，pH 試験紙，ピンセット

2.1.1 無機イオン定性分析と液量の把握

「無機イオンの反応とイオン平衡」の実験では，金属イオンがどのように反応し，溶液中にどのようなイオンが含まれているかを定性的に調べる．このような定性分析では，試料中の成分量を正確に決定する定量分析とは異なり，物質量や濃度について厳密な値を用いることはない．しかし，次項で説明するイオン平衡や溶解度積を考えるうえで，溶液の濃度についておおよその値を知っておくことは必要である．最初に，実験に用いるピペット，遠沈管などを使っておおよその液量 (体積) を知るための実験を行う．ピペットから出る液滴の体積はピペット先端の太さや形状によって大きく異なるので，

ここで求めた体積は異なる太さのピペットや先端が破損してしまったものには当てはまらない．酸塩基試薬小分けビンに付いているピペットについても液滴のおおよその体積を調べておくとよい．遠沈管は形状がほぼ均一なので，この実験の精度であれば 1 本の遠沈管で求めた 1 mL あたりの液深を同じ太さの別の遠沈管に適用してもかまわない．

参考実験 1.2a　ピペットの液量

パスツールピペットおよびスポイド瓶に付属しているピペットの液量の把握を行う．目盛付き遠沈管にピペットから一滴ずつ滴数を数えながら 1 mL になるまで脱イオン水または溶液を滴下する．このようにして，各ピペットにおいて液滴 1 滴あたりのおおよその体積を求める．また，同じ操作を数回行い，結果を平均することで誤差を少なくすることができる．

参考実験 1.2b　遠沈管の液量

目盛付き遠沈管に脱イオン水を 1 mL 量り取り，乾いた遠沈管に加える．遠沈管で 1 mL はどの程度の液深となるか定規を用いて測定する．

2.1.2　塩類の溶解度

多くの無機化合物は，金属元素の陽イオンと非金属元素の陰イオンから成り立っているイオン化合物 (おもに塩類) である．これらの化合物中のイオンはたがいに静電引力により引き合ってイオン結晶を形成している．たとえば，NaCl の結晶は図 2.1 (I) のような面心立方構造をもっている．この結晶を水中に入れると，水分子は電気陰性度の大きな O 原子が負に電気陰性度の小さな H 原子が正に分極しているので，結晶表面の Na^+ や Cl^- のイオンと静電引力によって図 2.1 (II) のように強く引き合い，その引力のために結晶は表面からしだいに溶け出し成分イオンは水中に分散していくことにな

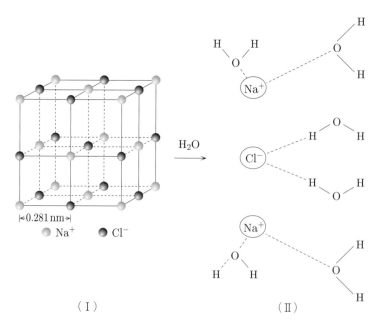

図 2.1

表2.2 溶解性一覧

	Ag^+	Pb^{2+}	Cu^{2+}	Al^{3+}	Fe^{3+}	Fe^{2+}	Ni^{2+}	Zn^{2+}
HO^-	—	II	II	II	II	II	II	II
SO_4^{2-}	I–II	II–III	I	I	I	I	I	I
CrO_4^{2-}	II	II–III	I–II	—	I	I	II	I
S^{2-}	II	II	II	II	II	II	II	II
$[Fe(CN)_6]^{4-}$	III	II	III	—	II	II	II	II–III
$[Fe(CN)_6]^{3-}$	III	II–III	—	—	I	III	III	III
NCS^-	III	II	II	I	I	I	I	I
Cl^-	III	II–III	I	I	I	I	I	I
NO_3^-	I	I	I	I	I	I	I	I
CH_3COO^-	I	I	I	I	I	I	I	I

I：水に可溶. I–II：水に不溶, 酸 (塩酸, 硝酸) に可溶. II：水に不溶で酸 (塩酸, 硝酸), 王水に可溶. II-III：水, 酸に不溶. III：水, 酸, 王水に不溶.

る. 実際の塩類には非常に可溶性のものから不溶性のものまで種々の場合が知られているが, 大別して主として可溶性の塩類と, 主として不溶性の塩類の 2 群に分けることができる. これらの塩の水および酸に対するおおよその溶解性を表 2.2 に示す.

この無機イオン実験で用いる溶液の濃度は 10^{-2} M 程度である. 溶解度がこの濃度を超える物質は可溶性という. またあるイオンを沈殿させ, 上澄み液に含まれるそのイオン濃度が 10^{-5} M 程度になったとき, 普通の試薬を用いた反応では検出することが不可能になる. したがって, 10^{-5} M 以下の溶解度をもつ物質を難溶性の物質と考える. 中間領域 10^{-2} M～10^{-5} M に相当する塩が可溶性と難溶性の境目にある塩である. 多くの塩類の水に対する溶解度は温度が高くなるにつれて増大する. しかし, たとえば室温で 10^{-8} M というように非常に溶解度の低い塩は, 加熱してたとえ溶解度が 100 倍になってもなお 10^{-6} M であり, 目視で溶解が認められることはない. $PbCl_2$ の 20 ℃ における溶解度は 9.9 g/L, 100 ℃ では 33.4 g/L である. $PbCl_2$ の化学式量は 278.1 g/mol なので 9.9 g/L は希薄な溶液の密度を 1.0 g/L とすると 3.6×10^{-2} M となる. 20 ℃ では 0.05 M の $Pb(NO_3)_2$ 水溶液から $PbCl_2$ の沈殿を作ったとすれば,

$$(0.05\,\mathrm{M}) - (3.6 \times 10^{-2}\,\mathrm{M}) = 1.4 \times 10^{-2}\,\mathrm{M}$$

1 L あたり 0.014 mol すなわち 3.9 g の沈殿が生成する. このように 20 ℃ で $PbCl_2$ の沈殿が完成してもなお上澄み液にはかなりの濃度 (3.6×10^{-2} M) の Pb^{2+} が含まれている. 沈殿を含む混合液を 100 ℃ に熱すると, この温度での溶解度 33.4 g/L は 0.12 M に相当し, 試料濃度の 0.05 M より大きくなるので沈殿は全て溶解する. 実験では, 可溶性と難溶性の境目にある塩である $PbCl_2$ を用いて溶解度の温度変化と溶解度積との関係について学ぶ. また, この性質を利用した難溶性塩化物を生成する I 類金属 (Ag^+, Pb^{2+}) の分離と確認を通して, 無機イオン分析における基本操作を習得する.

溶解度積

難溶性の金属塩であっても, 溶液中にはその金属イオンや陰イオンが存在し, 金属塩の沈殿と平衡状態にある. このような沈殿の溶解を対象にするときには, 溶解度積という概念を用いる. 金属イオン (A^{m+}) と陰イオン (B^{n-}) によって生成する金属塩の沈殿 (A_xB_y) の飽和溶液が, 式 (2.1) のよう

な平衡状態にあるとする. このときの平衡定数は, 式 (2.2) で表される. ここで, $[\mathrm{A}^{m+}]$, $[\mathrm{B}^{n-}]$ はそれぞれ溶液中の A^{m+} と B^{n-} の濃度であり, x と y は金属塩の組成比, m と n はイオンの価数である. また, 固体の $\mathrm{A}_x\mathrm{B}_y$ は平衡定数には現れない. この平衡定数 K_{sp} は, $\mathrm{A}_x\mathrm{B}_y$ の溶解度積とよばれ, 主な塩の溶解度積を表 2.3 に示した.

$$\mathrm{A}_x\mathrm{B}_y \rightleftarrows x\mathrm{A}^{m+} + y\mathrm{B}^{n-} \tag{2.1}$$

$$[\mathrm{A}^{m+}]^x[\mathrm{B}^{n-}]^y = K_{\mathrm{sp}} \tag{2.2}$$

表 2.3 溶解度積 (18〜25 ℃)[1)]

塩化物		クロム酸塩・二クロム酸塩	
AgCl	1.77×10^{-10}	$\mathrm{Ag_2CrO_4}$	1.12×10^{-12}
$\mathrm{PbCl_2}$	1.7×10^{-5}	$\mathrm{Ag_2Cr_2O_7}$	2.0×10^{-7}
		$\mathrm{PbCrO_4}$	2.8×10^{-13}
水酸化物		$\mathrm{CuCrO_4}$	3.6×10^{-6}
AgOH	2.0×10^{-8}		
$\mathrm{Pb(OH)_2}$	1.43×10^{-15}	ヘキサシアノ鉄 (II) 酸塩	
$\mathrm{Cu(OH)_2}$	2.2×10^{-20}	$\mathrm{Ag_4[Fe(CN)_6]}$	1.6×10^{-41}
$\mathrm{Fe(OH)_2}$	4.87×10^{-17}	$\mathrm{Pb_2[Fe(CN)_6]}$	3.5×10^{-15}
$\mathrm{Fe(OH)_3}$	2.79×10^{-39}	$\mathrm{Cu_2[Fe(CN)_6]}$	1.3×10^{-16}
$\mathrm{Al(OH)_3}$	1.3×10^{-33}	$\mathrm{Fe_4[Fe(CN)_6]_3}$	3.3×10^{-41}
$\mathrm{Ni(OH)_2}$	5.48×10^{-16}	$\mathrm{Ni_2[Fe(CN)_6]}$	1.3×10^{-15}
$\mathrm{Zn(OH)_2}$	3×10^{-17}	$\mathrm{Zn_2[Fe(CN)_6]}$	4.0×10^{-15}
硫酸塩		酢酸塩	
$\mathrm{Ag_2SO_4}$	1.20×10^{-5}	$\mathrm{Ag(CH_3COO)}$	1.94×10^{-3}
$\mathrm{PbSO_4}$	2.53×10^{-8}	$\mathrm{Pb(CH_3COO)_2}$	1.8×10^{-3}
硫化物		チオシアン酸塩	
PbS	8.0×10^{-28}	AgSCN	1.03×10^{-12}
CuS	6.3×10^{-36}	$\mathrm{Pb(SCN)_2}$	2.0×10^{-5}
FeS	6.3×10^{-18}		
$\mathrm{Al_2S_3}$	2×10^{-7}		
NiS	3.2×10^{-19}		
ZnS	1.6×10^{-24}		

単位は $\mathrm{A}_x\mathrm{B}_y$ の塩に対して $\mathrm{M}^{(x+y)}$

ある溶液中で $[\mathrm{A}^{m+}]$ が小さく, $[\mathrm{A}^{m+}]^x[\mathrm{B}^{n-}]^y < K_{\mathrm{sp}}$ の状態では AB は沈殿しない. しかし, 溶液中の $[\mathrm{A}^{m+}]$ が増加して $[\mathrm{A}^{m+}]^x[\mathrm{B}^{n-}]^y$ が K_{sp} を超えると, $\mathrm{A}_x\mathrm{B}_y$ の沈殿を生じることにより, 溶液中の $[\mathrm{A}^{m+}]$ および $[\mathrm{B}^{n-}]$ が小さくなり, その結果 $[\mathrm{A}^{m+}]^x[\mathrm{B}^{n-}]^y$ の値は K_{sp} の値と等しくなる. また, 逆に $[\mathrm{A}^{m+}]^x$ や $[\mathrm{B}^{n-}]^y$ が減少して $[\mathrm{A}^{m+}]^x[\mathrm{B}^{n-}]^y < K_{\mathrm{sp}}$ になれば沈殿が溶ける.

溶解度積の値を用いることで, 溶液中の金属イオン濃度が 10^{-5} M 程度となり沈殿生成が完結するために必要な陰イオン濃度は式 (2.3) のように求めることができる.

$$[\mathrm{B}^{n-}]^y = K_{\mathrm{sp}}/(10^{-5}\ \mathrm{M})^x \tag{2.3}$$

このように，溶解度積は，沈殿生成の有無や金属イオンを分離するために必要な条件を考えるうえで，非常に重要な概念である．

錯イオン

金属イオンの変化は対イオンとの反応だけではなく，アンモニアのような配位性のある化学種との反応で錯イオンを形成して沈殿が溶解したり特有の着色を呈したりすることがある．このような錯イオンの形成にともなう変化を利用して，金属イオンを分離確認することができる．Ag^+ と NH_3 と，それらの反応から得られる $Ag(NH_3)_2^+$ 錯イオンは，溶液中において平衡状態にある．このような錯形成の平衡を，A を金属イオンもしくは金属塩，L を配位子，n を平衡反応で脱離・付加する配位子の数，$A(L)_n$ を錯イオンとして式 (2.4) で表すと，その平衡定数は式 (2.5) で表すことができる．ただし，水酸化アルミニウムのように金属塩 A が沈殿の場合は，その濃度 [A] を平衡定数に表す必要はない．

$$A + nL \rightleftharpoons A(L)_n \tag{2.4}$$

$$K_{stab} = \frac{[A(L)_n]}{[A][L]^n} \tag{2.5}$$

この平衡定数 K_{stab} を錯イオンの安定度定数 (stability constant) とよぶ．代表的な錯イオンの安定度定数 (作成性定数) を表 2.4 に示した．この値を用いることで，塩化銀がアンモニアにどの程度溶けるか (K_{sp} の値も必要) や，水酸化アルミニウムがどの程度の pH にすると錯イオンとして溶解するかなどを推測することができる．

実験 1.2d や 1.4g ではアンモニアとの錯体である $[Ag(NH_3)_2]^+$ や $[Cu(NH_3)_4]^{2+}$ を，実験 1.3d

表 2.4 錯イオンの安定度定数[1]

A		L	$\rightleftharpoons$	$A(L)_n$	K_{stab}
Ag^+	+	$2NH_3$	$\rightleftharpoons$	$[Ag(NH_3)_2]^+$	1.7×10^7
$Al(OH)_3$	+	OH^-	$\rightleftharpoons$	$[Al(OH)_4]^-$	40
Cu^{2+}	+	$4Cl^-$	$\rightleftharpoons$	$[CuCl_4]^{2-}$	4.0×10^5
Cu^{2+}	+	$4NH_3$	$\rightleftharpoons$	$[Cu(NH_3)_4]$	1.4×10^{13}
Fe^{2+}	+	$6CN^-$	$\rightleftharpoons$	$[Fe(CN)_6]^{4-}$	ca. 10^{24}
Fe^{3+}	+	$6CN^-$	$\rightleftharpoons$	$[Fe(CN)_6]^{3-}$	ca. 10^{31}
Fe^{3+}	+	$4Cl^-$	$\rightleftharpoons$	$[FeCl_4]^-$	8×10^{-2}
Fe^{3+}	+	SCN^-	$\rightleftharpoons$	$[Fe(SCN)]^{2+}$	1.4×10^2
$[Fe(SCN)]^{2+}$	+	SCN^-	$\rightleftharpoons$	$[Fe(SCN)_2]^+$	16
$[Fe(SCN)_2]^+$	+	SCN^-	$\rightleftharpoons$	$[Fe(SCN)_3]$	1
Ni^{2+}	+	$6NH_3$	$\rightleftharpoons$	$[Ni(NH_3)_6]^{2+}$	4.8×10^7
$Pb(OH)_2$	+	OH^-	$\rightleftharpoons$	$[Pb(OH)_3]^-$	50
Zn^{2+}	+	$4NH_3$	$\rightleftharpoons$	$[Zn(NH_3)_4]^{2+}$	3.8×10^9
$Zn(OH)_2$	+	$2OH^-$	$\rightleftharpoons$	$[Zn(OH)_4]^{2-}$	10

単位は M^{-n}

では水酸化物イオンと錯体である $[Al(OH)_4]^-$ を作り，錯イオンの生成反応が分離や確認反応として利用できることを学ぶ．

実験で起こる反応について，反応式を書き反応を理解する．

難溶性塩化物の生成 (I 類の分離反応)

2本の遠沈管を用意し，片方に 0.05 M Ag^+ 溶液，他方に 0.05 M Pb^{2+} 溶液をそれぞれ5滴 (0.25 mL) ずつとる．それぞれの試料に対して以下の操作を行う．6 M HCl を1滴 (0.05 mL) 加えガラス棒でよく混ぜてから遠心機にかける．さらに1滴，6 M HCl を加え，新たに沈殿が生成しないか様子を観察する．

$PbCl_2$ の性質と確認反応 — 溶解度の温度変化

実験 1.2a の Pb^{2+} で得た試料を5分間水浴加熱し，変化を観察する．
確認反応：溶液が熱いうちに遠沈管に数滴とり，そこへ 1.5 M K_2CrO_4 溶液を1滴加えて観察する．また，溶液が十分冷め沈殿が再び生成したときの上澄み液も遠沈管に数滴とり，そこへ 1.5 M K_2CrO_4 溶液を1滴加えて観察する．沈殿が生成せずオレンジ色の溶液となる場合は，アンモニア水を加え中和する．

AgCl の性質と確認反応 — 錯形成反応

実験 1.2a の Ag^+ で得た試料を5分間水浴加熱し，変化を観察する．ここで沈殿は溶解しないが，1.2b の実験結果と比較する．水浴から取り出したらパスツールピペットを用いて沈殿を吸わないように上澄液を取り除く．
確認反応：得られた沈殿物に 6 M NH_3 を1滴ずつ (5滴まで) 溶けきるまで加え，pH を測定する．6 M HNO_3 を1滴ずつ加え，変化が起こったら pH を測定する．さらに過剰に2滴加え，様子を観察する．

I 類の類内分離反応：Ag^+ と Pb^{2+} の混合液からの塩化物の沈殿生成と分離・確認反応

1本の遠沈管に 0.05 M Ag^+ 溶液と 0.05 M Pb^{2+} 溶液をそれぞれ5滴 (0.25 mL) ずつとる．そこへ 6 M HCl を1滴 (0.05 mL) 加えガラス棒でよく混ぜてから遠心機にかける．さらに1滴，6 M HCl を加え，新たに沈殿が生成しないか様子を観察する．沈殿生成が完結したら，5分程度水浴で加熱をしながらガラス棒で撹拌し様子を観察する．水浴から取り出したら試料が熱いうちにパスツールピペットを用いて沈殿を吸わないように上澄を手早く取り分ける．沈殿物は熱水で2回洗浄する[*2]．

得られた上澄みと沈殿物に対して，参考実験に従い確認反応を行う．

[*2] 水を約 1 mL 加え，ガラス棒で撹拌しながら 2〜3 分水浴加熱し，熱いうちに上澄液を取り除く．この操作は AgCl に $PbCl_2$ が混入することを防ぐために必要な操作であり，「単離する」とは単に沈殿を生成する操作だけではなく，得られた沈殿を洗浄して異なるイオンの混入を防ぐ操作も含んでいる．

① 実験 1.2d において，溶液中の金属イオンがはじめの 1/1000 程度となるときの溶液中の塩化物イオン濃度 $[Cl^-]$ を求めよ．また，金属イオンの 99.9% を沈殿させるとき，AgCl もしくは PbCl として沈殿する塩化物イオンの物質量を求めよ．上記で求めた量より，沈殿を完結させる (はじめの 1/1000 程度の濃度にする) ために必要な 6 M HCl の量を求めよ (塩酸を加えると溶液の量が変化するが，ここでは金属イオンの濃度が常に約 0.5 M であるとして計算してよい)．

② Pb^{2+} は I 類と II 類の両方に分類されているが，Pb^{2+} 塩の沈殿生成の完結に必要な塩化物イオンの量などを参考にその理由を考察せよ．

2.1.3 溶液の pH と水酸化物の沈殿生成

難溶性の水酸化物を作る金属イオンについては，水酸化物の溶解度は溶液の水素イオン濃度と関連がある．たとえば $Fe(OH)_3$ では，式 (2.6) より溶解度積は式 (2.7) のように表される．一方，水溶液中では式 (2.8) のイオン積が成り立つので，Fe^{3+} の濃度は式 (2.9) のように表すことができる．

$$Fe^{3+} + 3OH^- \rightleftharpoons Fe(OH)_3 \tag{2.6}$$

$$K_{sp} = [Fe^{3+}][OH^-]^3 = 2.79 \times 10^{-39} \, M^4 \tag{2.7}$$

$$[H^+][OH^-] = K_w = 1.0 \times 10^{-14} \, M^2 \tag{2.8}$$

$$[Fe^{3+}] = [H^+]^3 \times 3 \times 10^3 \, M \tag{2.9}$$

ここで，Fe^{3+} 溶液の pH を 3($[H^+] = 1.0 \times 10^{-3}$ M) にすると，$[Fe^{3+}]$ は 3×10^{-6} M となり，

$$\frac{(0.05 \, M) - (3 \times 10^{-6} \, M)}{0.05 \, M} \times 100 = 99.99 \, \%$$

0.05 M の Fe^{3+} 溶液 (原液の pH = 1.8) からはほとんど (99.99%) の Fe^{3+} イオンが沈殿する．金属水酸化物の溶解度積をもとに同様に考えると，Al^{3+} も弱酸性 (pH = 6) で完全に水酸化物として沈殿させることができる．しかし，たとえば K_{sp} が $5.48 \times 10^{-16} \, M^3$ の $Ni(OH)_2$ では，この pH 条件で $[Ni^{2+}]$ は 0.5 M (> 0.05 M) まで溶解することができ，まだ沈殿の生成は認められない．このように，pH をうまく調整すると目的の金属イオンを水酸化物沈殿として分離することが可能となる．溶液の pH を一定に保つために緩衝溶液を利用する方法がある．

水素イオン濃度と溶解度積だけから考えると，アルカリ性溶液では多くの金属イオンは水酸化物沈殿を作ることが予想される．しかし，両性金属のイオンは溶液の pH をしだいに大きくしていくと，一度できた沈殿が強アルカリ性でヒドロキソ錯イオンを形成して溶解する．この性質を利用して水酸化物沈殿から，金属イオンを分離することができる．たとえば Fe^{3+} と Al^{3+} は，両性金属であるかないかの違いによって一方を水酸化物の沈殿，他方をヒドロキソ錯イオンの溶液として分けることができる．

ここでは，金属水酸化物の性質と反応について学習する．

① 実験で起こる反応について，反応式を書き反応を理解する．

② 参考実験 1.3b, 1.3c を参考にして $Fe(OH)_3$ と $Al(OH)_3$ が混合した沈殿物から各イオンを分離し，それぞれ確認する方法を考えよ．

参考実験 1.3a 水酸化物沈殿生成反応と溶液の pH（III 類の分離）

2本の遠沈管を用意し，一方に 0.05 M Fe^{3+} 溶液と他方に 0.05 M Al^{3+} 溶液をそれぞれ5滴 (0.25 mL) ずつとる．それぞれの試料に対して以下の操作を行う．まず，それぞれの pH を測定する．さらに，3 M NH_4Cl を5滴と 6 M NH_3 を3滴加えて再度 pH を測定する．pH 値が 9～10 になるようにさらに必要であれば 6 M NH_3 を加える．水浴で2～3分加熱し，試料の変化を観察する．別の遠沈管に 3 M NH_4Cl を6滴と 6 M NH_3 を3滴で混合した溶液を用意しておく．反応後の試料を遠心分離し，得られた沈殿を用意した NH_4Cl–NH_3 溶液で洗浄する．

参考実験 1.3b $Fe(OH)_3$ の性質と確認反応

実験 1.3a で得られた $Fe(OH)_3$ の沈殿に 6 M NaOH を5滴加える．そこへ，全量が約 1 mL となるまで水を加え，よくかき混ぜてから静置し様子を観察する．ここで沈殿は溶解しないが，実験 1.3c の Al^{3+} の実験結果と比較する．試料を遠心分離して得た沈殿を少量の水で洗浄する．

確認反応：洗浄した沈殿に，6 M HCl を1滴ずつ5滴まで加えてよくかきまぜ沈殿を溶解する．沈殿が完全に溶けない場合は，かきまぜながらさらに 6 M HCl を1滴ずつ加え沈殿を完全に溶解させる．ここへ水を加えて全量を 1 mL とする．pH を測定し，この溶液を点滴皿に1滴とる．点滴皿上の溶液に 0.1 M NH_4NCS 溶液を1滴加えてよくかき混ぜ，その変化を観察する．

参考実験 1.3c $Al(OH)_3$ の性質と確認反応 － 錯形成反応

実験 1.3a で得られた $Al(OH)_3$ の沈殿に 6 M NaOH を5滴加える．そこへ，全量が約 1 mL となるまで水を加え，よくかき混ぜてから静置し様子を観察する．

確認反応：得られた溶液が酸性になるまで 6 M HCl を1滴ずつ加える．さらに1滴余分に 6 M HCl を加えた後，アルミノン溶液1滴を加える．この溶液に 4 M CH_3COONa–CH_3COOH を3滴加え，溶液が弱塩基性 (pH 9～10) になるまで 6 M NH_3 を1滴ずつ加える．溶液が弱塩基性になったら，水浴で1分加熱し，変化を観察する．

実験 1.3d III 類の類内分離反応：Fe^{3+} と Al^{3+} の混合液からの水酸化物の沈殿生成と分離・確認反応

1本の遠沈管に 0.05 M Fe^{3+} 溶液と 0.05 M Al^{3+} 溶液をそれぞれ5滴 (0.25 mL) ずつとる．このときの pH を測定する．さらに，3 M NH_4Cl を5滴と 6 M NH_3 を3滴加えて再度 pH を測定する．pH 値が 9～10 になるようにさらに必要であれば 6 M NH_3 を加える．水浴で2～3分加熱し，試料の変化を観察する．別の遠沈管に 3 M NH_4Cl を6滴と 6 M NH_3 を3滴で混合した溶液を用意しておく．反応後の試料を遠心分離し，上澄みを捨てて得られた沈殿を用意した NH_3–NH_4Cl 溶液で洗浄する．

参考実験 1.3b および 1.3c を参考に，Fe^{3+} および Al^{3+} の一方を溶液，もう一方を沈殿として分離し，それぞれの確認反応を行う．アルミノンによる着色反応の際には，Fe^{3+} の混入による色の変化に注意すること．

① 水酸化物の K_{sp} 値を用いて，実験 1.3d における Fe^{3+}，Al^{3+} の沈殿生成が妥当であるか考察せよ．

② $Fe(OH)_3$ と $Al(OH)_3$ の水酸化物イオンの濃度に対する性質の違いについて，溶解度積や錯イオンの安定度定数を用いで考察せよ．

2.1.4 硫化物イオンの平衡と硫化物の沈殿生成

硫化物の沈殿の生成には硫化水素が用いられることが多いが，硫化水素の毒性は極めて高いので，化学実験ではチオアセトアミドを水溶液中で分解させて硫化水素を発生させる．チオアセトアミド (CH_3CSNH_2) は式 (2.10) のように加水分解し，硫化水素 (H_2S) が発生する．

$$CH_3CSNH_2 + 2H_2O \longrightarrow CH_3COONH_4 + H_2S \tag{2.10}$$

この反応は，酸 (H^+) あるいはアルカリ (OH^-) によって触媒され，熱することで速やかに起こる．したがって，金属イオンと硫化水素による硫化物の生成反応は，金属イオンとチオアセトアミドの混合溶液に，酸あるいは塩基を加えて熱することで行うことができる．反応中に発生した硫化水素は一部気体となるので，チオアセトアミドの分解はドラフトチャンバーの中で行わなければならない．金属イオンにチオアセトアミドを加えたとき，熱する前に沈殿が生成することがあるが，これは目的とする硫化物の沈殿ではない．

硫化物の溶解度は溶液の pH によって変化し，金属イオンの種類によっては酸性溶液からは沈殿しないことがあるので，チオアセトアミドの分解に用いる触媒 (酸塩基) にも注意が必要である．硫化物の溶解度が溶液の pH によって変化するのは，溶液中 S^{2-} と H^+ との間に次の式 (2.11)，(2.12) の平衡が成立しているからである．それぞれの平衡定数 K_1，K_2 は式 (2.13)，(2.14) で表される．

$$H_2S \rightleftharpoons H^+ + HS^- \tag{2.11}$$

$$HS^- \rightleftharpoons H^+ + S^{2-} \tag{2.12}$$

$$K_1 = \frac{[H^+][HS^-]}{[H_2S]} = 1.2 \times 10^{-7} \, M \tag{2.13}$$

$$K_2 = \frac{[H^+][S^{2-}]}{[HS^-]} = 1 \times 10^{-15} \, M \tag{2.14}$$

これらの式をまとめて書くと式 (2.15)，(2.16) のようになる．ここに，知られている K_1，K_2 の値 $(1.2 \times 10^{-7}$，$1 \times 10^{-15})$ および 25℃ における H_2S の飽和溶液の濃度 $([H_2S] = 0.1 \, M)$ を代入すると，式 (2.17) のような $[S^{2-}]$ と $[H^+]$ との関係式が求まる．

$$H_2S \rightleftharpoons 2H^+ + S^{2-} \tag{2.15}$$

$$K = K_1 K_2 = \frac{[H^+]^2[S^{2-}]}{[H_2S]} = 1.2 \times 10^{-22} \, M \tag{2.16}$$

$$[H^+]^2[S^{2-}] = 1.2 \times 10^{-23} \, M^3 \tag{2.17}$$

この式において，たとえば強酸性 pH = 0 $([H^+] = 1 \, M)$ のときには，$[S^{2-}]$ は $1.2 \times 10^{-23} \, M$ となり金属イオンの濃度が 0.05 M であれば，イオン濃度の積の値は $6 \times 10^{-25} \, M$ となり K_{sp} が $3.2 \times 10^{-19} \, M$

である Ni^{2+} は沈殿しない [式 (2.18)]. 一方, このとき K_{sp} が $6.3 \times 10^{-36} M^2$ である Cu^{2+} は沈殿する [式 (2.19)].

$$[Ni^{2+}][S^{2-}] = (0.05\,M) \times (1.2 \times 10^{-23}\,M) = 6 \times 10^{-25}\,M^2 < K_{sp}(NiS) \tag{2.18}$$

$$[Cu^{2+}][S^{2-}] = (0.05\,M) \times (1.2 \times 10^{-23}\,M) = 6 \times 10^{-25}\,M^2 > K_{sp}(CuS) \tag{2.19}$$

塩基性水溶液中では, たとえば pH = 9 ($[H^+] = 10^{-9}\,M$) のとき式 (2.17) から $[S^{2-}] = 1.2 \times 10^{-5}\,M$ となり, Zn^{2+} や Ni^{2+} のようなイオンも沈殿する [式 (2.20)].

$$[Ni^{2+}][S^{2-}] = 6 \times 10^{-7}\,M^2 > K_{sp}(NiS) \tag{2.20}$$

硫化ナトリウム (Na_2S) 溶液は塩基性なので, 難溶性硫化物を生じる金属イオンは Na_2S と反応し, 同様の原理で硫化物の沈殿が生成する.

このような pH と $[S^{2-}]$ との関係から, 酸性溶液では硫化物が沈殿しない金属硫化物に強酸を働かせると, 沈殿が溶解して硫化水素が発生すると予想される. 実際には, 酸による硫化物沈殿の溶解は, 溶解度積から予測したようにはならないこともある. たとえば, NiS では加熱により緻密な沈殿が生成していると 1 M HCl 塩酸程度の酸には溶解しない. また, 強酸性溶液からでも沈殿するような硫化物であっても, 硝酸と反応させると S^{2-} が酸化されて単体の硫黄となることで金属イオンは溶解する.

ここでは, 硫化物の性質と反応について学ぶ.

事前課題
① 実験で起こる反応について, 反応式を書き反応を理解する.
② 参考実験 1.4b, 1.4c を参考にして CuS と PbS が混合した沈殿物から各イオンを分離し, それぞれ溶液反応によって確認する方法を考えよ.

実験 1.4a 酸性条件下での硫化物沈殿生成反応 (II 類の分離反応)

4 本の遠沈管を準備し, 1 本ずつ異なるイオン溶液 (Cu^{2+} 溶液, Pb^{2+} 溶液, Zn^{2+} 溶液, Ni^{2+} 溶液) をとり, それぞれの溶液に対して並行して実験を行う. 遠沈管に各イオン溶液 (0.05 M) を 5 滴 (0.25 mL) ずつとり, それぞれに 6 M HCl を 1 滴 (0.05 mL) 入れ pH を測定する. 溶液が強酸性でなかった場合, 強酸性になるまで 1 滴ずつ 6 M HCl を滴下する. 4 本の試料溶液それぞれにドラフト内で 1 M チオアセトアミド溶液を 3 滴加えたら手早くかき混ぜ, 速やかにドラフト内で水浴加熱し, 沈殿を完結させる (5〜10 分). 各試料の変化を観察する. 沈殿が生成したものは遠心分離し, 性状を記録する.

実験 1.4b 塩基性条件下での硫化物沈殿生成反応 (IV 類の分離反応)

4 本の遠沈管を準備し, 1 本ずつ異なるイオン溶液 (Cu^{2+} 溶液, Pb^{2+} 溶液, Zn^{2+} 溶液, Ni^{2+} 溶液) をとり, それぞれの溶液に対して並行して実験を行う. 遠沈管に各イオン溶液 (0.05 M) を 5 滴 (0.25 mL) ずつとり, それぞれに 3 M NH_4Cl を 5 滴と 6 M NH_3 を 3 滴加えて pH を測定する. pH 値が 9〜10 になるようにさらに必要であれば 6 M NH_3 を加える. 4 本の試料溶液それぞれにドラフト内で 1 M チオアセトアミド溶液を 3 滴加えたら手早くかき混ぜ, 速やかにドラフト内で水浴加熱

し，沈殿を完結させる (5～10 分)．沈殿が完了したら遠心分離し，少量の水で沈殿を洗い，性状を記録する．

参考実験 1.4c　CuS の性質と確認反応

　実験 1.4a で得られた沈殿に 6 M HNO$_3$ を 5 滴加え，撹拌しながら水浴加熱しできるだけ溶かす．遊離した硫黄 (黒色) が入らないようにパスツールピペットで溶液を取り分ける．この溶液に 6 M アンモニア水を，溶液の色が青くなるまで加えよく撹拌する．

確認反応：この溶液に，液性が弱酸性になるまで 6 M CH$_3$COOH を加え，ドラフト内で K$_4$[Fe(CN)$_6$] を 1 滴加え変化を観察する．

参考実験 1.4d　PbS の性質と確認反応

　実験 1.4a で得られた沈殿に 6 M HNO$_3$ を 5 滴加え，撹拌しながら水浴加熱しできるだけ溶かす．遊離した硫黄 (黒色) が入らないようにパスツールピペットで溶液を取り分ける．この溶液に 6 M アンモニア水を，沈殿が生成するまで加えよく撹拌する．遠心分離によって得られた沈殿を少量の水で洗う．

確認反応：洗浄した沈殿に 6 M HNO$_3$ を加え，よくかき混ぜて沈殿をすべて溶かし，そこへ 1.5 M K$_2$CrO$_4$ 溶液を 1 滴加えて観察する．沈殿が生成しないときは，6 M アンモニア水を加えて溶液を中和する．

参考実験 1.4e　ZnS の性質と確認反応

　実験 1.4b で得られた ZnS の沈殿に 6 M HCl を 0.5 mL 加えてよくかき混ぜる．沈殿が完全に溶けない場合は，かき混ぜながらさらに 6 M HCl を 1 滴ずつ加える．加える 6 M HCl の量は最大で 1 mL までとする．変化が見られたときの溶液の pH を測定する．

確認反応：試料液を遠心分離して得た上澄液に 6 M NH$_3$ を加えて中和した後，6 M CH$_3$COOH を加えて弱酸性にする．溶液にジフェニルアミン液を 4 滴加えて，K$_3$[Fe(CN)$_6$] 溶液を 5～10 滴加えて様子を観察する．K$_3$[Fe(CN)$_6$] はジフェニルアミンを酸化するときに自らは還元され K$_4$[Fe(CN)$_6$] を生じる．これが亜鉛イオンと反応して生じる Zn$_2$[Fe(CN)$_6$] の白沈がアミンの酸化生成物を吸着して緑から青に着色する．

参考実験 1.4f　NiS の性質と確認反応

　実験 1.4b で得られた NiS の沈殿に 6 M HCl を 0.5 mL 加えてよくかき混ぜる．ここで沈殿は溶解しないが，実験 1.4e の Zn^{2+} の結果と比較する．遠沈管に 6 M HCl を 3 滴と 6 M HNO$_3$ を 1 滴混合した溶液を用意する．遠心分離によって取り分けた，NiS の沈殿を少量の水で洗いできるだけ水分を除去し，HCl–HNO$_3$ 混合液 (体積比 3：1) を加えてよくかき混ぜる．このとき沈殿に変化がないようなら，水浴加熱し沈殿をできるだけ溶かす．遊離した硫黄 (黒色) が入らないようにパスツールピペットで溶液を取り分け，pH を測定する．

確認反応：得られた溶液に 6 M NH$_3$ を加え弱アルカリ性にする．溶液にジメチルグリオキシム液を 1 滴加えて様子を観察する (変化がなければさらに 1 滴 6 M NH$_3$ を加える)．

実験 1.4g **II 類の類内分離：Cu²⁺ と Pb²⁺ の混合液からの硫化物の沈殿生成と分離・確認反応**

1 本の遠沈管に Cu²⁺ 溶液と Pb²⁺ 溶液 (0.05 M) を 5 滴 (0.25 mL) ずつとる．6 M HCl を 1 滴入れ pH を測定する．溶液が強酸性になるまで 1 滴ずつ 6 M HCl を滴下する．試料溶液にドラフト内で 1 M チオアセトアミド溶液を 3 滴加えたら手早くかき混ぜ，速やかにドラフト内で水浴加熱し，沈殿を完結させる (5〜10 分)．遠心分離し，少量の水で沈殿を洗う．

参考実験 1.4c および 1.4d を参考に，この溶液から Pb²⁺ および Cu²⁺ の一方を溶液，もう一方を沈殿として分離し，それぞれの確認反応を行う．

実験 1.4h **IV 類の類内分離：Zn²⁺ と Ni²⁺ の混合液からの硫化物の沈殿生成と分離・確認反応**

1 本の遠沈管に Zn²⁺ 溶液と Ni²⁺ 溶液 (0.05 M) を 5 滴 (0.25 mL) ずつとる．それぞれに 3 M NH₄Cl を 5 滴と 6 M NH₃ を 3 滴加えて pH を測定する．pH 値が 9〜10 になるようにさらに必要であれば 6 M NH₃ を加える．試料溶液それぞれにドラフト内で 1 M チオアセトアミド溶液を 3 滴加えたら手早くかき混ぜ，速やかにドラフト内で水浴加熱し，沈殿を完結させる (5〜10 分)．沈殿が完了したら遠心分離し，少量の水で沈殿を洗う．

参考実験 1.4e および 1.4f を参考に，この溶液から Zn²⁺ および Ni²⁺ の一方を溶液，もう一方を沈殿として分離し，それぞれの確認反応を行う．

課題

① 実験 1.4a，1.4b において，溶液の pH 変化に対して，硫化物イオン濃度 $[S^{2-}]$ がどのように変化するか，硫化水素の酸解離定数を用いて計算せよ．

② 実験 1.4a，1.4b において観察された沈殿生成反応の結果と溶液の pH との関係について，金属イオンと硫化物イオンの濃度や硫化物の K_{sp} の値を用いて説明せよ．実験結果と計算が合わない場合は，その理由について考察せよ．

③ Ag⁺，Pb²⁺，Cu²⁺，Fe³⁺，Al³⁺，Zn²⁺，Ni²⁺ の 7 種類のイオンが含まれる溶液の定性分析において，II 類の硫化物沈殿分離後の上澄液から H_2S が完全に追い出されていない状態で実験を進めたとき，どのような問題が起こるのか説明せよ．また，この後の操作はどのようにすればよいか考えよ．(ヒント：この状況で，III 類の水酸化物を沈殿させる際，溶液は塩基性条件下で硫化物イオンを含んでいることになる．)

④ 実験 1.4f で用いる Ni²⁺ イオンの確認反応に用いるジメチルグリオキシムについて，分子構造，発色反応の化学変化や性質などについて調べ説明せよ．調べた文献は適切に引用すること．

参考文献

1) James G. Speight, "Longes's Handbook of Chemistry 16th ed" McGraw-Hill, New York (2005).

2.2 無機イオン混合物の分離と確認 (未知試料の分析)

　ここでは,「2.1　無機イオンの反応と金属イオンの系統的分析」で学んだことを基に金属イオンの沈殿分離と確認反応を組み合わせることで, 成分未知の複数の金属イオンを含む混合液を分析する. 実験では, 表2.1にある7種類の金属イオンの中から任意に3種類のイオンを混合した未知試料溶液に, 系統的に成分を判定する実験を行い, 本章で学んだ事柄の確認を行う.「2.1　無機イオンの反応と金属イオンの系統的分析」の分離反応を整理すると, 次のように沈殿生成反応を行えば該当イオンを1種類ずつ分離することができることが読み取れる. (I) 高温状態での塩化物の沈殿生成によって, Ag^+ だけを他から沈殿 (R_I) として分離できる. 残りのイオンは上澄み (F_I) に含まれる. (II) 上澄み液 (F_I) に, 酸性溶液からの硫化物の沈殿生成反応を行うと, Pb^{2+} と Cu^{2+} が沈殿 (R_{II}) して Al^{3+} 以下は上澄み液 (F_{II}) に残る. (III) 上澄み液 (F_{II}) に過剰のアンモニアとの反応を行うと, Al^{3+} と Fe^{3+} が水酸化物沈殿 (R_{III}) として分離でき, Zn^{2+} と Ni^{2+} が上澄み (F_{III}) に含まれる. このようにすると, 7種類のイオンからできる沈殿を大まかに Ag^+(R_I), Pb^{2+} と Cu^{2+} の混合物 (R_{II}), Al^{3+} と Fe^{3+} の混合物 (R_{III}), Zn^{2+} と Ni^{2+} の混合物 (F_{III}) の4つに分けることができる. 次にそれぞれの混合物 (実際には1種類のイオンしか含まないこともあるが) について, 一方だけを分離し, 確認反応によって最終的に判定する. このことをフローシートにまとめると図2.2のようになる. ここで示した系統

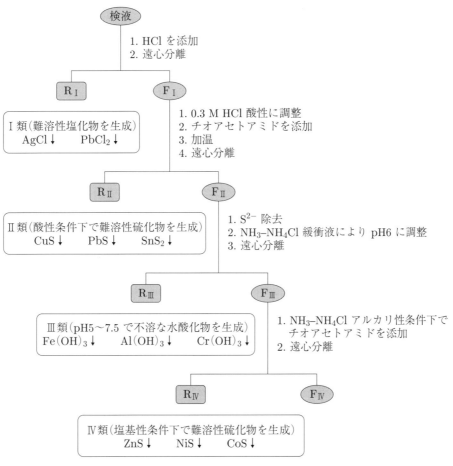

図2.2　陽イオンの系統分析
　R は Residue (残さ) の F は Filtrate (ろ過) の略であるが, 遠心分離法ではそれぞれ遠心分離後の沈殿と上澄み液を示すものとする.

分析法では，難溶性の塩化物 (R_I) を生成する金属イオン (Ag^+, Pb^{2+}) を I 類，以下酸性水溶液から硫化物が沈殿 (R_{II}) するもの (Pb^{2+}, Cu^{2+}) を II 類，弱酸性〜中性水溶液から水酸化物が沈殿 (R_{III}) するもの (Fe^{3+}, Al^{3+}) を III 類，塩基性水溶液から硫化物が沈殿 (R_{IV}) するもの (Zn^{2+}, Ni^{2+}) を IV 類と区別している．ここで Pb^{2+} は I 類と II 類の両方に含まれるが，R_I を熱水で洗浄することですべての Pb^{2+} を溶液 (F_I) とし II 類で扱う方がよい．

事前課題

Ag^+, Pb^{2+}, Cu^{2+}, Fe^{3+}, Al^{3+}, Zn^{2+}, Ni^{2+} のうち 3 種類が含まれている未知試料溶液から各イオンを分離し，それぞれ確認する方法を考え，操作をフローチャートで示せ．特に，**2.1.4** の課題③ の事例はこの実験にて起こりやすいため，その対処方法も検討せよ．

未知試料の分析実験についての標準的な手順を以下に示すが，各自で必要な操作を適宜加えてもよい．

実験 2.1 **事前の分析**

配布された未知試料溶液 (3 種類のイオンをそれぞれ 0.05 M 濃度で含む) のサンプル番号を記録し，全量を各自の遠沈管に移す．事前に液の色や pH を調べ記録し，得られた情報から含まれるイオンを検討することも重要である．

実験 2.2a **I 類の分離と確認 (Ag^+, Pb^{2+})** **(参考：実験 1.2a〜d)**

6 M HCl を 2 滴 (0.1 mL) 加えガラス棒でよく混ぜる．沈殿物が生じたら以下の操作を行う．沈殿が生じなければ実験 2.2b へ進む．

5 分程度水浴で加熱しながらガラス棒で撹拌し，沈殿物の量に注意しながら様子を観察する．ここで，沈殿がすべて溶解する場合は，以下の操作は行わず実験 2.2b へ進む．加熱中も沈殿が残る場合は，試料を水浴から取り出し，溶液が熱いうちにパスツールピペットを用いて上澄を手早く取り分ける．取り分けた上澄液は実験 2.2b で使用する．沈殿は 2 回熱水で洗浄する．得られた沈殿に対して確認反応を行い，含まれているイオンを特定する．

実験 2.2b **II 類の分離と確認 (Pb^{2+}, Cu^{2+})** **(参考：実験 1.4a, c, d, g)**

実験 2.2a で得られた溶液の pH を測定する．溶液が強酸性でない場合，強酸性になるまで 1 滴ずつ 6 M HCl を滴下する．ドラフト内で 1 M チオアセトアミド溶液を 3 滴加えたら速やかにドラフト内で撹拌しながら水浴加熱し，沈殿を完結させる (5〜10 分)．沈殿物が生じたら以下の操作を行う．沈殿が生じなければ実験 2.2c へ進む．

沈殿が生じた場合は，試料を遠心機にかけて上澄液を取り分ける．取り分けた上澄液は実験 2.2c で使用する．沈殿物を少量の水で洗い，6 M HNO_3 を 5 滴加え，撹拌しながら水浴加熱しできるだけ溶かす．遊離した硫黄 (黒色) が入らないようにパスツールピペットで溶液を取り分ける．得られた溶液に対して分離反応と確認反応を行い，含まれているイオンを特定する．

| 実験 2.2c | III 類の分離と確認 (Fe^{3+}, Al^{3+}) (参考：実験 1.3a～d) |

実験 2.2b で得られた溶液をカセロールに移し，焦がさないように気を付けながらほとんど液が残らない程度に加熱する[*3]．ヒーターからおろし，粗熱をとったら脱イオン水をカセロールの底が隠れる程度加えて先ほどと同様に加熱する．この操作を 2, 3 回程度繰り返す．加熱し，ほとんど液が残らない状態にしたカセロールに少量の脱イオン水を加え，カセロールを洗うようにしながらパスツールピペットで溶液を回収する．このとき，黒い沈殿物 (硫黄) が生じる場合，沈殿物が入らないようにする．6 M HNO_3 を 1 滴加え，2～3 分程度水浴加熱する．3 M NH_4Cl を 5 滴と 6 M NH_3 を 3 滴加えて再度 pH を測定する．pH 値が 9～10 になるようにさらに必要であれば 6 M NH_3 を加える．水浴で 2～3 分加熱する．沈殿物が生じたら以下の操作を行う．沈殿が生じなければ実験 2.2d へ進む．

遠心機にかけて上澄液を取り分ける．取り分けた上澄液は実験 2.2d で使用する．別の遠沈管に 3 M NH_4Cl を 6 滴と 6 M NH_3 を 3 滴で混合した溶液を用意しておく．反応後の試料を遠心分離し，得られた沈殿に用意した NH_4Cl–NH_3 溶液で洗浄する．得られた沈殿に対し，分離反応と確認反応を行い，含まれているイオンを特定する．

| 実験 2.2d | IV 類の分離と確認 (Zn^{2+}, Ni^{2+}) (参考：実験 1.4b, e, f, h) |

実験 2.2c で得られた溶液にドラフト内で 1 M チオアセトアミド溶液を 3 滴加えたら手早くかき混ぜ，速やかにドラフト内で水浴加熱し，沈殿を完結させる (5～10 分)．黒色沈殿が生じたら，遠心機にかけ上澄液を除去し，沈殿を少量の水で洗い，できるだけ水分を除去する．

得られた沈殿に対し，分離反応と確認反応を行い，含まれているイオンを特定する．

課題

① 実験結果をもとに未知試料に含まれていた金属イオンを考察し，判断した理由とともに分析結果を報告せよ．

② 実験で予想と異なる結果や失敗した事例があれば，その理由や改善方法を考える．また，予想通り進んだ実験についても，注意すべき点などがあれば理由とともに説明する．たとえば，実験 1.2a の I 類の分離反応で，塩化物の沈殿を遠心分離した後，さらに 1 滴塩酸を加えて沈殿が完結したことを確認しているが，この時沈殿が完結せず溶液中に Ag^+ が存在したまま未知試料の分析実験を続けると，どのような不具合が生じるか考えよ．

③ 他の無機イオン定性分析・定量分析の方法を調べ，今回の分析方法と比較せよ．

[*3] 液体がない状態で長時間加熱すると，固体が水に溶けなくなる．この場合，塩酸を加えると不溶になった固体が再び溶液となる．

3

合

成

3.1 アセチルサリチル酸の合成

この実験では，鎮痛，解熱剤として広く世界中で使われている合成医薬品アスピリンの主成分であるアセチルサリチル酸の合成とその物性測定 (融点測定) を行う．

(1) 薬品

サリチル酸 (固体) はサイド実験台に，無水酢酸と濃硫酸 (98 %) はドラフト内にある．無水酢酸および濃硫酸の試薬ビンには，備え付けてあるピペット以外を入れてはならない．また，一度他の容器に移した試薬を共通の試薬ビンに戻してはいけない．

(2) 機械・器具

以下の機械は周囲の者と共同で使用する．ホットプレート，吸引ろ過装置 (使用方法と注意はいずれも第 1 章を参照する)，天秤，融点測定装置を設置している．天秤はできる限り無風の状態で使用すること．また，こぼした薬品がその後の秤量に影響を与えるため，使用後は必ず掃除をすること．融点測定装置 (図 3.1) の使用方法については実験項に詳細を記す．

各薬品の秤量には決められた器具を使うこと (それぞれ薬品の近くに設置してある)．合成に必要な器具は 1 グループに 1 セットずつ実験台上に用意されている．

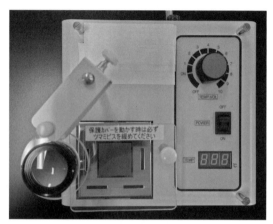

図 3.1 融点測定装置

不備，破損がないかどうかよく確認をしてから使用すること．特に，合成に用いる 100 mL ビーカーが濡れていないかどうかよく確認する．

事前課題

① 実験 1.1 で用いるサリチル酸の重量を計算する．

② 無水酢酸の密度 ($d = 1.08\,\mathrm{g/mL}$) を用いて，無水酢酸 4.0 mL の物質量を計算せよ．

③ 今回の実験におけるアセチルサリチル酸の理論収量を計算せよ．

3.1.1 アセチルサリチル酸の合成

アルコール類およびフェノール類や第一級および第二級アミン類に活性なカルボン酸誘導体を反応させると，ヒドロキシ基やアミノ基にアシル基 (–COR) が導入され，それぞれカルボン酸エステルとカルボン酸アミドが生成する．このような反応をアシル化反応という．アシル基の中で特に酢酸に由来するもの (–COCH$_3$) をアセチル基という．サリチル酸のフェノール水酸基の無水酢酸によるアセチル化反応により合成する．

実験1.1 アセチルサリチル酸の合成

乾いた 100 mL ビーカーにサリチル酸 (0.020 mol) をとり，秤量値をノートに記す．これに，ドラフト中で無水酢酸 (4 mL) を入れる．ペースト状混合物をよく撹拌しながら，98％硫酸 (2 滴) を添加する．そのままひき続き約 5 分間，ゆっくり撹拌しながら，反応液を観察する．次にドラフト中のホットプレート (100 ℃) 上で約 5 分間加熱する[*1]．反応混合物をおよそ 50 ℃ まで水浴中で冷却し，これに水 (50 mL) を注入してよく撹拌する．その際，沈殿のかたまりは撹拌棒で細かくすりつぶさなくてはならない．この後の操作はドラフトから取り出し実験室で行う．氷浴で，10～15 分間冷やした後，析出した結晶性固体を吸引ろ過 (操作法は第 1 章を見よ) により集め，冷水で洗浄する．粗生成物の性状を観察し記録する．ろ過した粗生成物を 200 mL ビーカーに移し，水 (100 mL) を加え，内容物を撹拌棒を使って注意深くかきまぜながら，ホットプレートで熱する．

固体が全部溶解したら加熱をやめ，溶液を静かに放冷して結晶を析出させる．多量の結晶が析出したら，氷浴で冷却する．十分に結晶が折出したら，吸引ろ過して結晶を集める．結晶の性状を観察し記録せよ．集めた結晶をろ紙にはさんで水分を除き，収量 (重量) を記録せよ．

データの整理

①　使用した原料 (サリチル酸，無水酢酸，硫酸) の重量や体積からその物質量を計算する．ただし，硫酸 1 滴の体積は 0.05 mL として計算すること．

②　合成したアセチルサリチル酸の収量と性状を記し，理論収量 (原料が全て反応したときに得られる収量) にもとづいて収率を求める．

課題

①　アセチルサリチル酸合成の反応機構 (反応式ではない) を示し，濃硫酸の役割を説明せよ．

3.1.2 融 点 測 定

合成した物質について，その構造や性質を知るために様々な測定を行う．ここでは，物性の 1 つとして融点の測定を行う．

融点は物質固有の定数であり，2 種類の物質が混合すると，たとえこれらの物質が同じ融点をもっていても融点が低くなる．したがって，2 つの試料を混合し，融点を測定することによって，試料の同定を行うことができる (混融試験)．融点測定装置を用いて試料を徐々に加熱し，融点近くなると，まず，試料を挟んだカバーガラス壁面についた試料が融けぬれたようになり (この温度 t_1 を湿潤点と呼ぶ)，体積が収縮し，次いで液化が始まる．さらに加熱すると次第に液体の部分が多くなり，全て液化する (この温度を t_2 と記す)．融点は t_1～t_2 ℃ のように幅をもった値で表す．試料の純度と t_1, t_2 の関係については図 3.2 に示す通り，試料の純度が上がると t_1, t_2 は次第に高くなるが，その

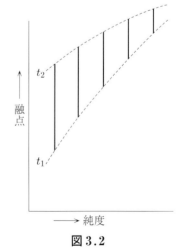

図 3.2

[*1]　長時間熱したり，高温 (130 ℃ 以上) で熱すると生じたアセチルサリチル酸が分解することがある．この場合，再結晶の操作で水に不溶の油状物を生ずる．

差 $t_2 - t_1$ は次第に小さくなる．純粋な試料ではこの差が $0.5\,℃$ 程度になる．ただし，アセチルサリチル酸は，$128 \sim 137\,℃$ の間で，分解しながら融解する．このため，融解開始から終了までの融点の幅は試料の純度の目安にならない．

実験1.2 **融点測定**

微量の試料で融点を測定するには図 3.1 の装置を使用する．試料を挟んだカバーグラスを加熱台の上に載せ，適正な電圧で試料を加熱する．加熱台の温度はデジタル表示される．加熱台の上の試料の状態変化をルーペを通して観察すると同時に試料の温度を測定する．

少量の試料を素焼板の上にとり，スパーテルですりつぶす．細かくすりつぶした試料を微量カバーグラスの上にのせ，もう 1 枚のカバーグラスを試料の上にのせることで，試料を 2 枚のカバーグラスで挟む．試料を挟んだカバーグラスを装置の加熱台の上に置く．

融点を正確に測定するには，試料の融点の $10\,℃$ 位下までは毎分 $10 \sim 20\,℃$，それ以上では毎分 $1 \sim 2\,℃$ の割合で試料の温度が上昇するように加熱を調整することが必要である．この実験では各装置に指示されている電圧に調整して加熱すれば，この条件が満たされるようになっている．融点の近くの温度では，試料とカバーグラスが接する部分がぬれたようになる温度 (t_1) と，次いで液化が始まり，次第に液体の部分が多くなり，ついに全部液化する温度 (t_2) を測定し，融点は mp：$t_1 \sim t_2\,℃$ と記録する．

データの整理

測定したアセチルサリチル酸の融点を実験 1.1 の結果とともに記す．

課題

① アセチルサリチル酸の融点を調べ，実験結果と比較し違いがある場合はそれについて説明・考察せよ．融点を調べた際の文献は引用文献として示すこと．

② 融点と純度の関係について調べ説明せよ．

3.2 トリスオキサラト鉄 (III) 酸カリウムの合成

ここでは，無機化合物としてトリスオキサラト鉄 (III) 酸カリウムを合成する．この錯体は光の照射によって分解する．合成したトリスオキサラト鉄 (III) 酸カリウムの光分解反応についても調べる．

(1) 薬品

硝酸鉄 (III)・9 水和物 (結晶性固体)，水酸化カリウム (粒状)，シュウ酸 (粉末) は，備え付けの薬さじを使用してとり秤量する．6 M アンモニア，エタノール，フェリシアン化カリウム水溶液など液体試薬は必要に応じて実験台に持っていき使用する．使用後は直ちに元の場所に戻すこと．また，一度他の容器に移した試薬を共通の試薬ビンに戻してはいけない．

(2) 機械・器具

以下の機械は周囲の者と共同で使用する．ホットプレート，吸引ろ過装置 (使用方法と注意はいずれも第 1 章を参照する)，天秤を設置している．天秤はできる限り無風の状態で使用すること．また，こぼした薬品がその後の秤量に影響を与えるため，使用後は必ず掃除をすること．

各薬品の秤量には決められた器具を使うこと (それぞれ薬品の近くに設置してある)．合成に必要な器具は 1 グループに 1 セットずつ実験台上に用意されている．不備，破損がないかどうかよく確認をしてから使用すること．

事前課題

① 実験 2.1 で用いる硝酸鉄 (III)・9 水和物 2.4 g が何モルに相当するかその物質量を計算する．

② シュウ酸・2 水和物 2.5 g と 1.1 g の水酸化カリウムから合成されるシュウ酸水素カリウムの物質量と重量を計算する．

③ 今回の実験におけるトリスオキサラト鉄 (III) 酸カリウム・3 水和物の理論収量を計算する．

3.2.1 トリスオキサラト鉄 (III) 酸カリウムの合成

トリスオキサラト鉄 (III) 酸カリウムは水酸化鉄 (III) $(Fe(OH)_3)$ を過剰のシュウ酸水素カリウム水溶液と熱することにより合成される．合成したトリスオキサラト鉄 (III) 酸カリウムは再結晶法により精製する．

$$Fe^{3+} + 3OH^- \longrightarrow Fe(OH)_3$$

$$3KHC_2O_4 + Fe(OH)_3 \longrightarrow K_3[Fe(C_2O_4)_3] + 3H_2O$$

実験 2.1 トリスオキサラト鉄 (III) 酸カリウムの合成と精製

各操作方法の詳細は基礎事項の章を参照せよ．

500 mL ビーカーに硝酸鉄 (III) $(Fe(NO_3)_3 \cdot 9H_2O)$ を 2.4 g とり (秤量値をノートに記入する) 100 mL の水に溶解する．撹拌しながらピペットで 6 M アンモニア水 5 mL を加えて水酸化鉄 (III) を沈殿させる．これをひだつきろ紙を用いて常圧ろ過せよ．得られた沈殿は約 100 mL の熱水で洗った後，ろ紙

ごと時計皿の上に広げる.

別に 100 mL のビーカーに 5 mL の水を入れ, これに 1.1 g の水酸化カリウムを溶解する. さらに 2.5 g のシュウ酸 ($H_2C_2O_4 \cdot 2H_2O$) をこれに加えて, 撹拌しながらできる限り溶かす. シュウ酸水素カリウムは溶け残ってもよい.

シュウ酸水素カリウム液の入ったビーカーに水酸化鉄 (III) の沈殿を加え, 撹拌しながら加熱して沈殿を全て溶解させる. 反応が完了したら, 熱いうちに吸引ろ過を行い (ろ液は 50 mL のビーカーに受ける) 不溶物を除く. ろ液にエタノール約 5 mL(ろ液の体積の約 1/5 量) を加え撹拌した後, 10〜15 分氷浴し結晶を析出させる (結晶が析出しないときは, 撹拌棒でビーカーの壁をこするようにしてかき混ぜよ). 析出した結晶を吸引ろ過により集め, 少量のエタノールで (得られる結晶は水溶性である) 洗浄する. 得られた結晶をろ紙ではさみ乾燥させる.

結晶の収量を量り, 収率を計算せよ. なお, トリスオキサラト鉄 (III) 酸カリウムは結晶構造中に水 3 分子を含む $K_3[Fe(C_2O_4)_3] \cdot 3H_2O$ として得られるので注意せよ.

データの整理

① 実際に使用した原料の重量や体積からその物質量を計算する.

② 合成したトリスオキサラト鉄 (III) 酸カリウム・3 水和物の収量と性状を記し収率を求める.

課題

① トリスオキサラト鉄 (III) 酸錯体の構造を構造式で示せ.

② 今回用いた合成方法, 精製方法について利点, 欠点を考察せよ.

③ 収率が著しく低かった場合は, その原因を考察し, 改善方法を述べよ.

3.2.2 トリスオキサラト鉄 (III) 酸カリウムの光化学反応

トリスオキサラト鉄 (III) イオンは次の光化学反応を起こす. 生じる鉄 (II) イオンを定量することにより光量を測定することができるので, 化学光量計として用いられる. ここでは鉄 (II) イオンによる色の変化を定性的に確認する. 可視光でも反応するため, 実際に光量測定に用いる場合には暗所で試料調製を行わなければならない.

$$2[Fe(C_2O_4)_3]^{3-} \xrightarrow{h\nu} 2Fe^{2+} + 5C_2O_4{}^{2-} + 2CO_2$$

実験 2.2 トリスオキサラト鉄 (III) 酸カリウムの光化学反応

実験 2.1 で得られた結晶をスパーテルで 2 杯試験管にとり, 水約 2 mL を加えて溶かす. 5% K_3 [Fe(CN)$_6$] 水溶液 2 滴を加え, よく振り混ぜた後に, その半量を別の試験管に移せ. 一方の試験管を暗所に置き, もう一方の試験管の水溶液にはドラフト中でランプの光を約 5 分間照射し, その変化の様子を暗所に置いたものと比較せよ.

課題

① トリスオキサラト鉄 (III) 酸カリウム試料液に光を当てたときと, 暗所に置いたときとのそれぞれにおける様子を比較し, 何が生成したことがわかるか, 反応式を示して説明せよ.

② 光化学反応の結果から, トリスオキサラト鉄 (III) 酸錯体の合成において注意すべき点を述べよ.

3.3 鈴木・宮浦カップリング反応による蛍光色素合成

　ここでは 2010 年のノーベル化学賞受賞のきっかけとなった有機合成反応である鈴木，宮浦カップリング反応を行い，2–アセチル–5–ブロモチオフェンと 4–ジメチルアミノフェニルボロン酸エステルから蛍光色素であるフェニルチオフェン誘導体を合成する[1), 2)]．また，薄層クロマトグラフィー (TLC) の原理を理解し，反応の進行を追跡する (実験 3.1a, b)．合成したフェニルチオフェン誘導体の蛍光とソルバトクロミズム[3)] の観察も行う (実験 3.2)．

3.3.1 鈴木・宮浦カップリング反応

　有機合成化学とは有機化合物の合成方法を探索する学問であり，さまざまな医薬品や化成品，化学繊維などの開発や石油化学の発展とともに 20 世紀初頭から大きく発展してきた．特に近年，目的の有機化合物をより効率的に，安価に，短時間で得ることができる手法や環境負荷の少ない有機合成法の開発が盛んに行われている．なかでもパラジウム触媒やニッケル触媒などを使って有機ハロゲン化合物と有機金属化合物を効率的につなげることができる「カップリング反応」が，様々な医薬品や化成品の合成にとって非常に有用であるため，学術的にも産業的にも大きく注目されている．カップリング反応は 1970–80 年代頃日本の化学者を中心に開発されてきた．たとえば有機金属化合物として，有機マグネシウム (熊田・玉尾・Corriu カップリング)，有機リチウム化合物 (村橋カップリング)，有機亜鉛化合物 (根岸カップリング)，有機スズ化合物 (右田・小杉・Stille カップリング)，有機ケイ素化合物 (檜山カップリング) を用いた反応にはそれぞれ日本人化学者の名を冠した反応名がつけられている．なかでも，1979 年に北海道大学の鈴木章・宮浦憲夫らによって開発された，パラジウム触媒を用いた有機ハロゲン化合物と有機ホウ素化合物のカップリング反応である「鈴木・宮浦カップリング反応」(図 3.3) が，容易さ，安全さ，確実さ，汎用性の高さなどの観点から現在，世界中に普及している．実際，液晶ディスプレイの原料合成，高血圧抑制薬ロサルタンの合成，海産天然物の猛毒パリトキシンの全合成などの複雑な有機化合物の合成にも応用されている (図 3.4)．2010 年には，これら有用なカップリング反応がもたらした合成化学分野への多大なる貢献が評価され，鈴木章，根岸英一，Richard Heck の 3 氏にノーベル化学賞が与えられた．

$$R^1-X \quad + \quad (RO)_2B-R^2 \xrightarrow[\text{水，有機溶媒}]{\substack{\text{パラジウム触媒}\\\text{塩基}}} R^1-R^2$$

有機ハロゲン化合物　　　有機ホウ素化合物　　　　　　　　　　　　　カップリング
X = Cl, Br, I など　　　(ボロン酸，ボロン酸　　　　　　　　　　　　生成物
　　　　　　　　　　　エステルなど)

図 3.3 鈴木・宮浦カップリング反応の一般式

　鈴木・宮浦カップリング反応の一般的な触媒反応機構を図 3.5 に示す．まず 2 価の酢酸パラジウムなどを用いた場合，還元された 0 価パラジウム種 Pd(0) が生じることで反応が開始する．はじめに 0 価パラジウム種 Pd(0) が有機ハロゲン化合物 (R^1-X) との「酸化的付加」という反応によって 2 価の R^1-Pd-X という化学種になる．パラジウム上のハロゲン基 (X) は反応系中の水と塩基の作用によってヒドロキシ基 (OH) と交換し，生じた $R^1-Pd-OH$ が有機ホウ素化合物 (ここではボロン酸 $R^2-B(OH)_2$ やボロン酸塩 $R^2-B(OH)_3^-$) との「トランスメタル化」によって R^2 基もパラジウム上に結合した R^1-Pd-R^2 という中間体になる．最期に「還元的脱離」によってカップリング生成物 R^1-R^2

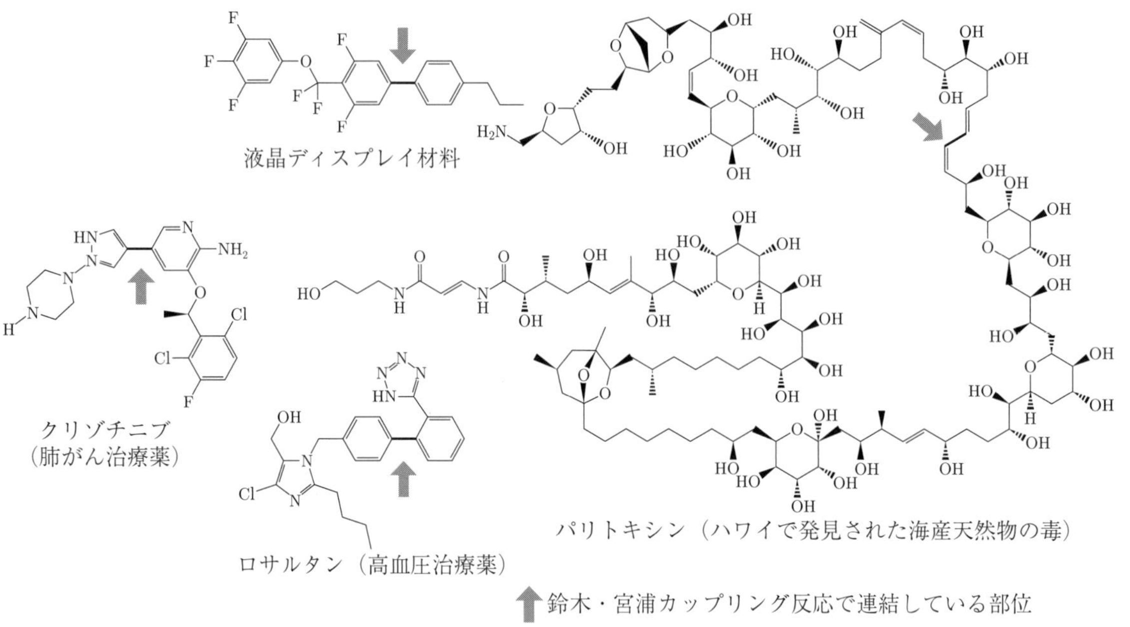

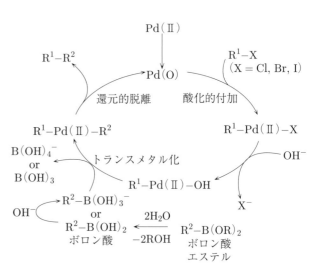

液晶ディスプレイ材料

クリゾチニブ
（肺がん治療薬）

ロサルタン（高血圧治療薬）

パリトキシン（ハワイで発見された海産天然物の毒）

↑鈴木・宮浦カップリング反応で連結している部位

図 3.4 鈴木・宮浦カップリング反応によって合成された有機化合物

を与え，パラジウムは元の0価パラジウムへと戻り，再び同じ反応を繰り返し起こす．このパラジウムのように，自身は消費されずに化学反応を促進する物質全般を触媒と呼ぶ．身近な触媒の例ではオキシドールを分解する二酸化マンガン，生体内の酵素，自動車排気ガス中の有毒ガスを無害化する三元触媒などがあげられる．鈴木・宮浦カップリング反応においてパラジウム触媒は，変換される物質の物質量に対して100分の1程度の量で済むものから，100万分の1程度使用量で済む高活性なものなどが開発されており，なかには再利用が可能なものも存在するため化学工業的にも利用価値が非常に高い．

$Pd(II)$

R^1-R^2

$Pd(0)$

R^1-X
$(X = Cl, Br, I)$

還元的脱離　　酸化的付加

$R^1-Pd(II)-R^2$

$R^1-Pd(II)-X$

$B(OH)_4^-$
or
$B(OH)_3$

トランスメタル化

OH^-

$R^1-Pd(II)-OH$

X^-

OH^-　$R^2-B(OH)_3^-$
or
$R^2-B(OH)_2$
ボロン酸

$2H_2O$

$R^2-B(OR)_2$
ボロン酸
エステル

$-2ROH$

図 3.5 鈴木・宮浦カップリング反応の触媒反応機構

3.3.2 クロマトグラフィーと薄層クロマトグラフィー（TLC）

様々な化合物の混合物から目的の化合物を分離する方法のひとつとして，クロマトグラフィー（chromatography）が挙げられる．クロマトグラフィーは基本的に，シリカゲル（SiO_2）やイオン交換樹脂，アガロースゲルなどの固定相に分離したい混合物を担持し，液体や気体などの移動相を固定相に流し続けることによって混合物を分離する．混合物中のそれぞれの化合物が固定相中を移動する際に，固定相との親和性の違いによって移動する速度が異なるため化合物を分離することができる．移動相として水や有機溶媒など液体を使ったものは液体クロマトグラフィー（Liquid Chromatography：LC）と呼ばれ，気体を移動相として用いたものはガスクロマトグラフィー（Gas Chromatography：GC）な

どと呼ばれている．液体クロマトグラフィーの中には，固定相をカラム(ガラスや金属などの筒状の容器)に詰めて用いるものをカラムクロマトグラフィーと呼び，アルミニウム板やガラス板上に固定相を薄く塗布し，液体を流して分離するものを薄層クロマトグラフィー(Thin–Layer Chromatography：TLC)と呼ぶ．他に固定相，移動相や分離の仕方の違いによって，ペーパークロマトグラフィー，サイズ排除クロマトグラフィー，イオン交換クロマトグラフィーなどがある．いずれも無機化合物，有機化合物，気体分子，たんぱく質，DNA，酵素など様々な物質の分析法や分離・精製法として広く用いられている．今回は固定相としてシリカゲル，移動相として有機溶媒を用いた薄層クロマトグラフィー(TLC)によって，鈴木・宮浦カップリング反応の反応追跡と生成物の生成確認を行う．TLCは小型で安価であり，分析に時間もかからないため有機合成反応の一般的な分析手段にとして用いられている．

(1)　実験器具リスト

試験管 (ソルバトクロミズム用)	6 本
試験管立て	1 個
ねじ口バイアル瓶 (短)(キャピラリー管洗浄用)	1 個
ねじ口バイアル瓶 (長)(反応用)	1 個
ねじ口バイアル瓶 (広口)(TLC 展開用)	1 個
パスツールピペット (ソルバトクロミズム用)	1 本
10 mL 目盛付き試験管	3 本
ゴム首 (小)	1 個
撹拌子 (紛失しやすいので小瓶に入っている)	1 個
鉛筆	1 本
ピンセット	1 本
ガラス撹拌棒	1 本
マグネティックスターラー	1 台
紫外線ランプ (蛍光灯型)	1 台
紫外線ランプ (LED 懐中電灯型)	1 台
洗浄ビン (脱イオン水)	1 本
洗浄ビン (アセトン)	1 本
卓上有機溶媒廃液入れ	1 個

(2)　共通試薬

2–アセチル–5–ブロモチオフェン (C_6H_5SOBr，分子量 205)

4–ジメチルアミノフェニルボロン酸ピナコールエステル ($C_{14}H_{22}NO_2$：分子量 247)

酢酸パラジウム (II) アセトン溶液 [0.010 mol/L $Pd(OCOCH_3)_2$ アセトン溶液]

炭酸カリウム水溶液 (0.080 mol/L K_2CO_3 水溶液)

アセトン (反応溶媒用)

TLC 用展開溶媒 (ヘキサン：酢酸エチル ＝ 7：3)

ソルバトクロミズム用有機溶媒 (ヘキサン，1,4-ジオキサン，酢酸エチル，アセトン，アセトニトリル，エタノール)

(3) 共通器具・装置

精密電子天秤

薬包紙

薬さじ (小)

ゴム手袋 (S，M，L サイズ)

ガラスキャピラリー管

TLC プレート

暗箱付き紫外線ランプ (254 nm，365 nm 切り替え型)

生成物回収用廃液タンク

有機溶媒専用廃液タンク

実験 3.1a 鈴木・宮浦カップリング反応

2-アセチル-5-ブロモチオフェン (約 40 mg)，4-ジメチルアミノフェニルボロン酸ピナコールエステル (約 70 mg) をそれぞれ備え付けの薬包紙と薬さじ (小) を使って量りとり (注 1)，ねじ口バイアル瓶 (長)(反応用) に加え入れ，撹拌子も入れておく．目盛付き試験管に洗浄ビン内のアセトン (注 2) を 5 mL を量りとり，こぼさないように注意して反応容器に加え入れ，マグネティックスターラーの上に載せて電源を入れ撹拌してよく混ぜる．続いて 0.080 M 炭酸カリウム水溶液 5 mL を目盛付き試験管で量りとり，反応容器に直接加え入れる．この時点ではパラジウム触媒を入れていないのでカップリング反応は進行していない．反応容器の外側から懐中電灯型の紫外線ランプ (注 3) を照射しても何も光らない (生成物が生じていない) ことも確認する．続いて，0.010 M 酢酸パラジウム (II) アセトン溶液を付属のピペットを使って 5 滴加え入れて撹拌し，反応を開始させる．撹拌中は常にプラスチックキャップを閉めておくこと．反応進行を待っている間に実験 3.1b の「TLC プレートの準備」を行う．

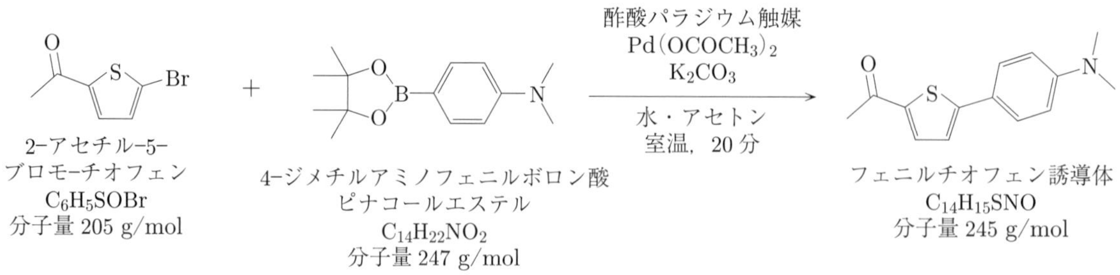

図 3.6 鈴木・宮浦カップリング反応によるフェニルチオフェン誘導体の合成反応式

注意点

*1 量りとる試薬は少量であり粉末固体であるので，入れすぎや舞い散りに注意する．精密天秤内部に試薬をこぼした場合，天秤の電源を OFF にして上皿周辺をハケなどでやさしく払って掃除すること．今回の実験では単離操作は行わず，TLC による反応進行の確認のみとなるため，試薬

の量は厳密に合わせる必要はない．試薬を取りすぎた場合は無理に試薬ビンに戻そうとせずそのまま用い，量りとった量を正確にノートに記載すればよい．

*2　アセトンは低沸点の引火性有機溶媒であるので，電化製品の近くや火元に近づけないよう取り扱いに十分注意し，直接匂いを嗅いだりしてはいけない．また，プラスチックや塗料を溶かす性質があるため注意する．アセトンが少しでも含まれる廃液は有機溶媒専用の廃液タンクに捨てること．

*3　各グループにある紫外線ランプは約 400 nm 程度の波長の光を出すものであり，目に害を及ぼす可能性がある．ランプを用いた蛍光の観察の際は必ず実験メガネを通して観察し，光源を直接目で見たり，人に向けたりしてはいけない．

実験 3.1b　薄層クロマトグラフィー (TLC) による反応追跡

TLC プレートの準備：まず TLC プレート (注4) を 1 枚用意する．TLC プレートの下端から 1 cm の位置に水平に鉛筆で線を引き，等間隔に 3 点印をつける (図 3.7①)．印をつけた 3 点の一番左には原料の 2–アセチル–5–ブロモチオフェンの標準試料アセトン溶液を，一番右には生成物であるフェニルチオフェン誘導体の標準試料アセトン溶液を，それぞれガラスキャピラリー管 (注5) を用いてスポット (吸着) しておく (図 3.7②)(注6)．空いている真ん中の点は反応開始 20 分後の溶液をスポットするので開けておく．次に TLC 用展開溶媒 (ヘキサン：酢酸エチル = 7：3) を目盛り付き試験管を用いて約 4 mL 量りとり，TLC 展開用広口ねじ口バイアル瓶にあらかじめ加え入れておく．プラステチックキャップをして，1, 2 回バイアル瓶を縦に振り，中の溶媒を容器全体になじませる．このとき，バイアル瓶中の溶媒の液面が高さ 5 mm 程度になっていることを確認する．高すぎた場合，溶媒を適宜有機溶媒用廃液タンクに捨てる．有機溶媒の揮発を防ぐために，展開用バイアル瓶は常にプラスチックキャップでフタをしておくこと．

フェニルチオフェン誘導体の薄層クロマトグラフィー (TLC)：

① ②　反応開始 20 分が経過したのち，ガラスキャピラリー管を使って反応溶液を採取し，用意した TLC プレートの真ん中の点にスポットする (スポット後，反応容器はフタを締め直して撹拌し続ける)．

③　ピンセットで TLC プレートの上端を掴み，静かに水平に TLC 展開用広口ねじ口バイアル瓶の中の溶媒に浸す (図 3.7③)．

④　すぐに蓋をして TLC プレートの下から上に向けて展開溶媒が展開されていく様子を確認する (図 3.7④)．

⑤　展開溶媒が TLC プレート上端まで展開されたのを確認後 (図 3.7⑤)，フタをあけてピンセットですぐに TLC プレートを取り出し，再びフタをしておく．

⑥ ⑦ ⑧　続いて，TLC プレートを暗箱付きの紫外線ランプの中に入れ，254 nm，365 nm の両方の波長の紫外線で TLC プレート上の化合物のスポットをそれぞれ観察する (図 3.7⑥⑦⑧)．観察された化合物のスポットには鉛筆を用いてスポット外周部を線で囲ようにして印をつける．鉛筆で印をつけた TLC プレートはそのままの大きさで実験ノートに正確に模写し，原点，化合物の種類，スポットの形や位置，展開溶媒の種類などが明らかになるように実験ノートに記載する．

① 鉛筆で印をつける

鉛筆は力を入れず軽くなぞるように線を描く. シリカゲルの面が削られないように注意.

↓下端から 1 cm 程度の所に横線

各スポット間を 5 mm 程度ずつ空ける

② 試料溶液をキャピラリーで採取し TLC プレートにスポットする

＊試料がきちんとスポットできたかどうかは目視，あるいは紫外線ランプ（254 nm）で確認できる. スポッティングする量は限りなく少量の方が溶媒展開後に観察しやすい.

生成物（フェニルチオフェン誘導体）の標品
反応中の溶液（反応開始後 20 分後）
原料（2-アセチル-5-ブロモチオフェン）の標品

TLC プレート

ガラスキャピラリー管
原点

試料溶液の点着（スポッティング）の仕方

③ TLC 展開用バイアル瓶に入れる

ピンセットを使って，液面に対して水平に静かに浸け，プラスチックの蓋をする.

化合物スポットが展開溶媒に浸からないように注意

スポットが液面に浸らない 5 mm 程度高さの溶媒液面

④ 静止して待つ

静置し，動かさない

展開している溶媒の上端

化合物と溶媒の展開方向

目では見えないが，生成物は紫外線ランプで見える

⑤ 溶媒が上端まで到達したら展開終了
ピンセットですぐに引き上げる

上端　ピンセットですぐに引き上げる

副生成物など
原料
生成物
副生成物など

⑥ 254 nm，365 nm の紫外線ランプでスポットを確認し鉛筆でスポットの周囲をなぞる.

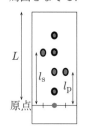

⑦ 実験ノートに TLC の絵を実物大でスケッチする
⑧ 原料，生成物，反応溶液で観測された各スポットについて原点からスポットの中心までの距離を定規で測り，R_f 値を求める.

$$R_f \text{ 値} = \frac{\text{各化合物スポット移動距離}(l)}{\text{溶媒の移動距離}(L)}$$

$$\text{原料の } R_f \text{ 値} = \frac{l_s}{L} \quad \text{生成物の } R_f \text{ 値} = \frac{l_p}{L}$$

図 3.7 TLC の展開の仕方

　TLC の結果より，生成物が生じているか，原料がまだ残っているか，副生成物が生じているかどうかなど観察し，結果を表 3.2 にまとめる. 黄色く蛍光を発する生成物が少しでもできていれば，次の実験 3.2 に移る (原料が全て消費しなくてよい).

注意点

＊4　TLC プレートはアルミニウムやガラス基盤上にシリカゲル (SiO$_2$) を塗布したものであり，表面を手で直接触れると汚れがつくので端をピンセットで掴んで持つようにする. 手で持つ場合は角や裏面のアルミニウム部を持つようにし，白いシリカゲル表面を直接触れないようにする. 使用後は専用のゴミ箱へ廃棄する.

＊5　キャピラリー管は非常に細くて脆く割れやすいので最新の注意を払う. 折れた管は怪我の原因であるのでむやみに触れないようにし，TA・教員に知らせて適切に廃棄する. 先の欠けたキャピ

ラリー管はスポットしにくいので TA・教員に知らせて先端を綺麗にカットしてもらい使用する．実験終了後，キャピラリー管は専用の廃棄ビーカーに捨てること．

*6 各試料溶液が TLC プレート上に移ったかどうかは，スポットした際周辺に溶媒がしみこんでいく様子で確認できる．スポッティングする量を多くしすぎると，うまく展開できないことや観察しにくくなることがあるので注意する．一度化合物の溶液を吸い取ったキャピラリー管は，別の化合物を採取する前に必ずアセトンを用いて洗浄し，使用時に溶液同士の汚染が起こらないように注意する．キャピラリー管内部の洗浄は，キャピラリー管洗浄用のねじ口バイアル瓶 (短) にアセトンを少量入れ，キャピラリー管でアセトンを吸ったのち，ティッシュやペーパータオルに押し付けて染み込ませて洗い流す操作を 3 回程度行えばよい．

データの整理

① 表 3.1 のように，実際に用いた各試薬の分子量，重さ (mg)，体積 (mL)，物質量 (mmol)，当量をまとめよ．当量とは基準となる化合物の物質量を基準とした対象の化合物の物質量の割合であり，今回は 2–アセチル–5–ブロモチオフェンを基準 (1.0 当量) として計算すると以下の式 (3.1) で表される．また，0.010 mol/L 酢酸パラジウム (II) アセトン溶液の付属のピペットは 1 滴あたり 0.040 mL 程度であるとして計算する．

$$当量 = \frac{対象の化合物の物質量\,(mmol)}{2\text{–アセチル–}5\text{–ブロモチオフェンの物質量}\,(mmol)} \tag{3.1}$$

表 3.1 用いた試薬の量と当量

	分子量 [g/mol]	重さ [mg]	体積 [mL]	物質量 [mmol]	当量
2–アセチル–5–ブロモチオフェン	205				1.0
4–ジメチルアミノフェニルボロン酸ピナコールエステル	247				
0.080 mol/L 炭酸カリウム水溶液					
0.010 mol/L 酢酸パラジウム (II) アセトン溶液					
フェニルチオフェン誘導体	245	(理論収量)			

② TLC の展開結果のまとめ

表 3.2 のように TLC 展開後に観察された各化合物スポットについて R_f 値と観察結果をまとめる．

* 各ランプでの見え方の記載例：〇 (よく見える)，△ (すこし見える)，× (ほとんど見えない)

* スポットの大きさ記載例：大，中，小

表 3.2 TLC の展開結果のまとめ

	移動距離 (mm)	R_f 値 l/L	254 nm ランプ での見え方	365 nm ランプ での見え方	スポット の大きさ
展開溶媒	$L =$				
2–アセチル–5–ブロモチオフェン標品	$l_s =$				
フェニルチオフェン誘導体標品	$l_p =$				
反応溶液で観察されたスポット ①	$l_1 =$				
反応溶液で観察されたスポット ②	$l_2 =$				
反応溶液で観察されたスポット ③	$l_3 =$				
(以下必要に応じて欄を追加する)					

3.3.3 蛍光ソルバトクロミズム[3)]

溶媒の極性の違いにより溶液の色や蛍光の色が変わる現象をソルバトクロミズムという．今回はフェニルチオフェン誘導体の各種有機溶媒における蛍光のソルバトクロミズムを観測する．今回用いるフェニルチオフェン誘導体は分子内に電子求引基であるアセチル基 (アクセプター) と電子供与基 (ドナー) であるジメチルアミノ基をもつドナー・アクセプター型の蛍光分子である (図 3.8)．

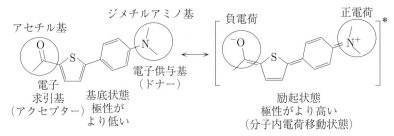

図 3.8 フェニルチオフェン誘導体の構造と励起状態での電荷の偏り (極性)

このような分子は基底状態においては電荷の偏りがより低い (低極性) 構造をとっている．分子が紫外線など外部からのエネルギーを吸収すると，分子内の電子が励起されよりエネルギーの高い励起状態へと移行する (図 3.9)．今回のフェニルチオフェン誘導体は励起状態ではドナー部位がより正電荷を帯び，アクセプター部位がより負電荷を帯びた分子内電荷移動状態をとっており，より極性が高く不安定な状態にある (図 3.8)．この電荷を帯びた励起状態の分子は，ヘキサンなど低極性溶媒中ではあまり安定化されず，この状態からもとの基底状態へと電子が戻る際にエネルギー準位間の差に相当するより高いエネルギー (より短波長，より青色側) の蛍光を発する (図 3.9)．一方，アセトンやエタノールといった高極性溶媒中では，励起状態が大きく安定化され，電子が基底状態へともどる際により低いエネルギー (より長波長，より赤色側) の蛍光が観測される．このように高極性溶媒を用いた際により長波長光の色へと変化する現象を正のソルバトクロミズムと呼ぶ．蛍光分子の中には高極性溶媒中でより短波長の蛍光を発するものがあるが，このような現象を負のソルバトクロミズムと呼ぶ．いずれも分子の基底状態や励起状態での電荷の偏りの違いと溶媒による安定化，不安定化効果の違い

で議論することができる.

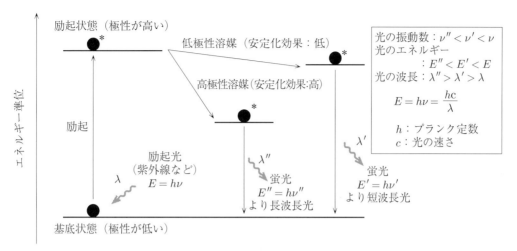

図 3.9 蛍光の仕組みとソフバトクロミズムの原理

フェニルチオフェン誘導体の蛍光観察とソルバトクロミズム

合成したフェニルチオフェン誘導体は単離精製を行わず, 反応溶液に含まれたものを溶液ごと少量採取して蛍光観察とソルバトクロミズムの観察を行う. まず, 試験管立てに試験管を 6 本用意し, 左から順にヘキサン, 1,4–ジオキサン, 酢酸エチル, アセトン, アセトニトリル, エタノールをそれぞれ試験管の 1/3 程度の高さまで注ぐ. 反応中の溶液をパスツールピペットで吸い取り, それぞれの溶媒が入った試験管に 5 滴ずつ加え入れる (紫外線ランプを照射しながら滴下すると見た目が楽しい). ガラス撹拌棒で試験管中の溶液を上下左右によくかき混ぜて均一にしたら, 紫外線ランプ (蛍光灯型や懐中電灯型) を照射し, 合成したフェニルチオフェン誘導体が発する蛍光を観察する. 溶媒の違いによる色の違い (ソルバトクロミズム) も同時に観察する. 色と波長の関係は, 口絵図 1 を参照.

データの整理

各溶媒中におけるフェニルチオフェン誘導体の蛍光の色について, 表 3.3 のようにまとめよ.

表 3.3 フェニルチオフェン誘導体の蛍光におけるソルバトクロミズムの観察結果

溶媒の種類	蛍光の色	蛍光波長
記入例	青緑~緑	480–500 nm
ヘキサン		
1,4–ジオキサン		
酢酸エチル		
アセトン		
アセトニトリル		
エタノール		

有機溶媒の廃棄と器具の洗浄

実験で使用した有機物，有機溶媒は所定の有機溶媒専用廃液タンクに捨てなければならない．必ずゴム手袋を着用すること．まず大量に残った反応溶液はピンセットで撹拌子を取り出し，専用の「生成物回収廃液」に注ぎ入れる．ピンセットでつまんだ撹拌子はそのまま卓上にある各班の有機溶媒廃液入れの上で洗浄瓶内アセトンを少量吹きかけて洗い，もとの小瓶の中に戻しておく．ソルバトクロミズムなどで用いた溶液は有機溶媒専用廃液タンクに捨てる．TLC展開用の広口バイアル瓶は洗浄する必要はなく，なかの有機溶媒を捨てて自然乾燥させるだけでよい．有機物が付着したすべてのバイアル瓶 (反応用，キャピラリー管洗浄用) と試験管類などのガラス器具，プラスチックキャップは溶媒を捨てた後，少量のアセトンで容器の内側と外側を軽く洗い流す．容器内にのこっているアセトンを除くため，脱イオン水を用いて洗い流し，同様に有機溶媒専用廃液タンクに流しすてる．これ以降の洗浄操作はすべて流しにて水道水を用いて行ってよい．洗浄には適宜ブラシや洗剤を用いてよく行う．試験管は試験管立ての穴の開いている方に逆さにして立てかけ，メモリ付き試験管3本，反応用バイアル瓶，キャピラリー管洗浄用バイアル瓶は試験管立ての棒に逆さにして立てかけて乾燥させる．

課題

① 反応開始後20分後に採取したTLCプレートの観察結果より，原料の2–アセチル–5–ブロモチオフェンの R_f 値，生成物であるフェニルチオフェン誘導体の標品試料の R_f 値を算出せよ (図3.7⑥および表3.2).

② 反応開始20分後の反応溶液から採取して観察したTLCの結果から，反応の進行具合について考察せよ．ヒント：原料が残っているか？　生成物がどの程度できているか？　副生成物などがみられるか？　など．

③ 一般的な蛍光性化合物のソルバトクロミズムにおいて，色 (発光波長) の変化は溶媒の極性に大きく依存することが知られている．また，溶媒の極性の高さは溶媒和パラメーター $E_T(30)$ [3] の高さで議論されることが多い．今回観察された各溶媒でのフェニルチオフェン誘導体の蛍光の色の違いについて，表3.4に示した各溶媒の溶媒和パラメーター $E_T(30)$ を用いて議論せよ．一般に $E_T(30)$ 値が大きいほど溶媒の極性が高いことを意味している．

表3.4 有機溶媒の溶媒和パラメータ $E_T(30)$

溶媒の種類	$E_T(30)$ [3]
ヘキサン	31.1
1,4–ジオキサン	36.0
酢酸エチル	38.1
アセトン	42.2
アセトニトリル	45.6
エタノール	51.9

参考文献

・フェニルチオフェン誘導体の合成と蛍光ソルバトクロミズムについて

1) *"Structural characteristics and optical properties of a series of solvatochromic fluorescent dyes displaying long-wavelength emission"*, Yosuke Ando, Yuya Homma, Yuki Hiruta, Daniel Citterio, Koji Suzuki, Dyes and Pigments, 2009, 83, pp.198–208.

2) 和光純薬工業株式会社「鈴木-宮浦クロスカップリング反応体験キット 2」

・ソルバトクロミズムと溶媒和パラメーター $E_T(30)$ について

3) *"Solvatochromic Dyes as Solvent Polarity Indicators"*, Christian Reichardt, Chemical Review, 1994, 94, pp.2319–2358.

4

容量分析と滴定

4.1 酸・塩基滴定と滴定曲線

水溶液中の水素イオンの量を pH で表したとき，その pH は次の式 (4.1) で定義される．ここで，a_{H^+} は水素イオンの活量，添字 H^+ は水素イオンを表す．$[H^+]$ は水素イオン濃度を示す．水素イオン濃度を容量モル濃度で表したときの水素イオンの活量係数を y_{H^+} とすると，式 (4.2) のように表すことができる．この実験では，試料として強酸，弱酸，多塩基酸の溶液に滴定剤として強塩基を加え，加えた滴定剤の量に対する pH の変化をグラフに描いて pH 滴定曲線を求める．それぞれの pH 滴定曲線を解析することにより，試料の濃度およびそれらの解離，指示薬の変色域について学ぶ．

$$pH = -\log a_{H^+} \tag{4.1}$$

$$a_{H^+} = y_{H^+} \times [H^+] \tag{4.2}$$

塩酸を水酸化カリウムで滴定するときの，水溶液中の水素イオン濃度を計算で求める．以下の計算では，すべての活量係数 y_{H^+} を 1.00 と仮定する．塩酸に水酸化カリウム水溶液を加えたとき，その水溶液中に存在する各イオンの間には，次の式 (4.3)，(4.4) で示される陽イオンの総数と陰イオンの総数が等しい関係式と水のイオン積の式が成り立っている．ここで $[Cl^-]$ は最初の塩酸の濃度 C_A に等しいから，式 (4.3)，(4.4) から式 (4.5) が得られる．

$$[H^+] + [K^+] = [Cl^-] + [OH^-] \tag{4.3}$$

$$[H^+] \times [OH^-] = K_W = 1.00 \times 10^{-14} \tag{4.4}$$

$$[H^+] = (C_A - [K^+]) + \frac{K_W}{[H^+]} \tag{4.5}$$

当量点の前では式 (4.5) の右辺第 2 項は非常に小さいのでこれを無視すると式 (4.6) が得られる．

$$[H^+] = C_A - [K^+] \tag{4.6}$$

当量点ではちょうど最初の塩酸の濃度と加えた水酸化カリウムの濃度が等しいので，$C_A = [K^+]$ の条件を式 (4.5) に入れて式 (4.7) が得られる．

$$[H^+]^2 = K_W \tag{4.7}$$

当量点を過ぎてからの水素イオン濃度は式 (4.5) および $K_W \gg [H^+]^2$ から式 (4.8) が導かれる．

$$[H^+] = \frac{K_W}{[K^+] - C_A} \tag{4.8}$$

酢酸を水酸化カリウムで滴定するときの，水溶液中の水素イオン濃度を計算で求める．酢酸に水酸化カリウム水溶液を加えたとき水溶液中に存在する各イオン間には次の式 (4.9) から式 (4.11) で表される関係がある．一方，酢酸の総濃度 (分析濃度) を C_A とすると式 (4.12) が得られる．

$$[H^+] + [K^+] = [A^-] + [OH^-] \quad ([A^-] = [CH_3COO^-]) \tag{4.9}$$

$$[H^+] \times [OH^-] = K_W \tag{4.10}$$

$$K_a = \frac{[H^+][A^-]}{[HA]} \tag{4.11}$$

$$C_A = [A^-] + [HA] \tag{4.12}$$

これらの式から $[H^+]$ の 3 次式 [式 (4.13)] となる．

$$K_a = \frac{[H^+]([K^+] + [H^+] - K_W/[H^+])}{C_A - ([K^+] + [H^+] - K_W/[H^+])} \tag{4.13}$$

水溶液が酸性のとき $K_W/[H^+]$ は非常に小さいのでこれを無視すると $[H^+]$ の 2 次式 [式 (4.14)] に簡略化される. さらに, 水酸化カリウムが酢酸の当量の 5% 以上加えられると $[K^+] > [H^+]$ の条件が成立し, $[K^+]$ に対して $[H^+]$ が無視できるので式 (4.15) のように書き直すことができる.

$$K_a = \frac{[H^+]([K^+] + [H^+])}{C_A - ([K^+] + [H^+])} \tag{4.14}$$

$$K_a = \frac{[H^+] \times [K^+]}{C_A - [K^+]} \tag{4.15}$$

次に当量点では $C_A = [K^+]$ であるから式 (4.13) より式 (4.16) となる.

$$K_a = \frac{[H^+]^2(C_A + [H^+] - K_W/[H^+])}{-[H^+]^2 + K_W} \tag{4.16}$$

弱酸である酢酸を強塩基である水酸化カリウムで滴定するとき, 当量点では弱塩基性 (pH > 8) であるから $C_A \gg [H^+]$, $K_W \gg [H^+]^2$ となり, また $K_W/[H^+]$ は無視できるので式 (4.16) から式 (4.17) を得る.

$$K_a = \frac{[H^+]^2 \times C_A}{K_W} \tag{4.17}$$

当量より過剰の水酸化カリウムが加えられたとき, 溶液の水素イオン濃度は過剰の水酸化カリウムの濃度によって定まるから, 水素イオン濃度を求める式は塩酸の滴定で求めた式 (4.8) と同じになる (ただし C_A は酢酸の分析濃度).

これらの計算式から弱酸の pK_a を簡単にもとめることができる. まず, 式 (4.11) より式 (4.18) が得られる. 半中和点では全酢酸の 1/2 が中和されているから $[A^-] = [HA]$ が成り立つ. したがって, $pH = pK_a$ となり, 半中和点の pH を読めばそれが pK_a を与える.

$$pH = pK_a + \log \frac{[A^-]}{[HA]} \tag{4.18}$$

三塩基酸であるリン酸を水酸化カリウムで滴定するとき, 第 1, 第 2, 第 3 解離に相当する滴定曲線が順次得られる. ただし, この実験では強塩基性で起こる第 3 解離は測定できない.

(1) 薬品

滴定に用いる 0.1 M KOH 水溶液は, すでに標定されている. この KOH 標準液の正確な濃度は, それぞれの実験台に記されている. 大量の強塩基性溶液が設置されているので, 実験中は注意を払うこと. また, pH 指示薬, 滴定試料である酸の希釈液も棚に備えてある. 各試薬濃度は, 実験台によってわずかにではあるが異なるため, 1 回の実験中は同じ試薬を用いるようにせよ. また, やむを得ず実験台を変更する場合は, 必ず KOH 標準液の濃度を再度確認せよ.

(2) 機械, 器具

この実験では, pH メーターと撹拌装置を使用する. pH メーターの使用方法 (校正の仕方, 測定方法) については, 実験台に備えられている使用方法を示したカードを読むこと. また, 常に溶液を撹拌しながら実験を行うために撹拌装置 (スターラー) を使用する. 撹拌子 (スターラーバー) がビーカー

の壁面やビュレットの先端に当たらないように注意する．また，液が跳ねないようスムーズに回転するようにスターラーの出力を調節する．ビーカーを撹拌装置から下ろすときには，まず撹拌を止めてから行うこと．

実験台ごとに器具に不備がないか確認をする．不備，破損がないかどうかよく確認をしてから使用すること．ビュレットの使い方および目盛の読み方は，第1章を参照すること．

① 実験に用いる弱酸の酸解離定数 pK_a の文献値を調べる．

② 用いる KOH 標準液の正確な濃度 (実験台ごとに異なる．実験台に記されている) を確認し，実験ノートに記入する．

以降は教員，TA の説明を受けてから実験開始直前に行うこと．

③ pH メーターの校正を行う．これは pH メーターの測定値のずれを補正するためのものであり，実験当日に使用する前に pH の値が既知の緩衝溶液を用いて行う．今回は，pH 4, 7, 9 の 3 点で行う．pH の校正の仕方は実験台に備えてある操作法に従って進める．

④ ビュレットの準備をする．まず，ビュレットを実験台に対して垂直になるように設置する．ビュレット先端の気泡を抜く．KOH 標準液を溶液だめからビュレットに，メニスカスがビュレットの 0 の目盛付近にくるように移し，メニスカスの目盛位置をビュレットの最小目盛の 1/10 まで正確に読む．

4.1.1　1価の酸の滴定

実験 1.1a　塩酸の滴定

「実験の準備」の項に従って準備したビュレットの目盛を正確に読む．0.1 M HCl 溶液 10.00 mL をホールピペットで 200 mL のビーカーに採取する．ここに，水 90.0 mL とブロモチモールブルー (BTB) 溶液 2, 3 滴を加える．撹拌子を静かに入れて，スターラーでゆっくりと撹拌しながら pH メーターのセンサー部分を液に浸して pH を読み取る．このとき，撹拌子が pH メーターのセンサー部分やビーカー壁面に当たらずにスムーズに回っていることを確認する．pH メーターを測定モードにしたまま，自動ビュレットから 0.1 M KOH 標準溶液を 0.5 mL から 1.5 mL の範囲で滴下し，ビュレットのメニスカスを正確に読み取り，メーターの数値の動きが止まったら pH 値を測定する．以後同じ程度の量の 0.1 M KOH 標準溶液を滴下して，滴下量を読み取り pH を測定する．以下，全滴下量が約 9.0 mL になるまでこの操作を繰り返す．この後 BTB の変色範囲を観察するために，pH メーターの指示値に注意し，KOH の滴下量を 0.05 mL〜0.1 mL にして，指示薬の変色が完了するまで上記の操作を繰り返す．pH の急激な変化が見られなくなったら，KOH の滴下量を約 1 mL に増やして上記操作を続け，溶液の pH が 11 を超えるまで KOH の滴下と pH の測定を繰り返す．

測定終了後，ビーカーと撹拌子を洗浄する．また，pH メーターのガラス電極を，触れないように注意しながら脱イオン水でよく洗浄する．

データの整理

① 加えた 0.1 M KOH 標準溶液の量を横軸に，溶液の pH を縦軸にして，0.1 M HCl 溶液の 0.1 M

KOH 標準溶液による滴定曲線のグラフを描く.

② 滴定曲線のグラフの変曲点から判断した当量点での，KOH 標準溶液の量と pH の値を読み取る.

③ KOH 標準溶液の濃度と中和に要した量から，塩酸の正確な濃度を求める

課題

① データの整理で求めた塩酸の濃度から，滴定前，半中和点，中和点における溶液の pH を計算し，実験値と比較せよ.

② BTB の他にどのような滴定指示薬が用いられているか，その構造と指示範囲を調べ表にまとめよ.

実験 1.1b 酢酸の滴定

0.1 M 酢酸溶液 10.00 mL をホールピペットで採取し，200 mL のビーカーに入れ，これに水 90.0 mL と pH 指示薬として 1 % フェノールフタレイン溶液 2 滴を加えてから，塩酸の滴定 (実験 1.1a) と全く同じ方法で滴定する. 当量点における液性が塩基性であることに注意し，pH 指示薬の色の変化，pH の変化の度合いに注意しながら KOH 標準液の滴下量を決めること.

データの整理

① KOH 標準溶液の量を横軸に，溶液の pH の値を縦軸にし，0.1 M 酢酸溶液の滴定曲線を描く.

② 滴定曲線のグラフの変曲点から判断した当量点での，KOH 標準溶液の量と pH の値を読み取る.

③ KOH 標準溶液の濃度と中和に要した量から，酢酸の正確な濃度を求める.

④ 酢酸の酸解離定数 pK_a を求め，文献値と比較する. 文献値を調べた資料を引用すること.

課題

① データの整理で求めた，酢酸の濃度と pK_a から，滴定前，半中和点，中和点における溶液の pH を計算し，実験値と比較せよ.

② 実験 1.1a および 1.1b において指示薬の色の変化が起こる理由と指示薬の選び方を説明せよ.

4.1.2 多価の酸の滴定

実験 1.2a リン酸の滴定

0.1 M リン酸溶液 10.00 mL をホールピペットで 200 mL のビーカーに採取してこれに水 130 mL を加え，ブロモクレゾールグリーン (BCG) 数滴を加えてから，塩酸の滴定 (実験 1.1a) と同じ方法で滴定する. リン酸は三価の酸であり，三段階の当量点があるが，二段階目まで滴定を行うこと. 滴定中の BCG の変色を観察してその変色範囲を測定する. 滴定は 2 回行う. 1 回目は KOH 標準液を 0.5〜1 mL ずつ滴下して当量点の見当をつける. 2 回目の滴定では，おおよその当量点の前後 1 mL は 1，2 滴ずつ KOH 標準液を滴下し，正確な滴下量と pH 値を記録する.

データの整理

リン酸溶液の水酸化カリウム溶液による滴定曲線を描き，各段階の当量点を求める. さらに用いた指示薬の変色範囲を滴定曲線に描きこむ.

課題

① リン酸溶液の正確な濃度を計算せよ.

② BCG の変色域と当量点との関係を説明せよ.

濃度未知のリン酸の滴定

濃度未知のリン酸–リン酸二水素カリウム混合溶液 10.00 mL をホールピペットで採取して 200 mL ビーカーに移し，水 130 mL およびフェノールフタレイン数滴を加えて前回と同じ方法で滴定する．滴定中にフェノールフタレインの変色範囲を測定する．

データの整理

滴定曲線から各当量点を求め，混合溶液中のリン酸，リン酸二水素カリウムそれぞれのモル濃度を計算する．実験 1.2a，1.2b で求めた 2 つの指示薬の変色範囲を滴定曲線の図に記入し，それぞれの当量点に対応していることを確認する．

4.2 酸化還元滴定と水のCOD測定

　過マンガン酸カリウムによる酸化反応 [式 (4.19)] は，強酸性条件下では速やかに進行するので，滴定による還元性物質の定量分析に用いることができる．過マンガン酸カリウムにより，還元性のあるシュウ酸イオンは式 (4.20) のように酸化されて二酸化炭素に分解される．この反応で，MnO_4^- が還元されて生じた Mn^{2+} は薄い赤色しか呈さないので，MnO_4^- が消費されている (還元剤が残っている) 間は MnO_4^- の濃紫赤色の色が消滅する．還元剤が全て消費される (MnO_4^- が消費されなくなる) と，溶液が MnO_4^- の色を呈するので，溶液が薄い赤色になったところが終点になる．

$$MnO_4^- + 8H^+ + 5e^- \longrightarrow Mn^{2+} + 4H_2O \tag{4.19}$$

$$5C_2O_4^{2-} + 2MnO_4^- + 16H^+ \longrightarrow 10CO_2 + 2Mn^{2+} + 8H_2O \tag{4.20}$$

過マンガン酸カリウム標準溶液は，日光や有機化合物に触れるとわずかな量ではあるが酸化マンガン (IV) に分解し，さらに酸化マンガン (IV) は過マンガン酸カリウムの分解を促進するといわれているので，表示された濃度 (活量) は変化している可能性がある．したがって，溶液の調製や保存に注意し，滴定に使う前にはシュウ酸ナトリウムを標準試薬として式 (4.20) の反応で標定し濃度を決めなければならない．このとき，式 (4.19) および式 (4.20) より過マンガン酸カリウムとシュウ酸ナトリウムの当量は，それぞれ 31.61 (= $KMnO_4/5$) と 67.01 (= $Na_2C_2O_4/2$) と求まる．

　過マンガン酸カリウムを用いた滴定は，水に溶けている有機化合物の量を知る簡便な方法として役に立つ．自然界の水には，生物や人間活動によってもたらされたさまざまな有機化合物が溶け込んでいる．水の汚染が進めば溶けている有機化合物の総量は増加するので，この量は水の汚染の度合いを知る指標として使うことができる．COD(化学的酸素要求量[*1]) は，このような水質汚染に関する1つの指標である．CODは，試料水に酸化剤を加えて消費された酸化剤の量を相当する酸素の量 (mg/L) に換算した値である．過マンガン酸カリウムを酸化剤に用いると滴定によって酸化剤の量を求めることができる．過マンガン酸カリウムは有機物の種類によって反応速度や消費量が異なり (ほとんど酸化されないものや，1分子で大量に消費するものがある)，また還元性のある無機化合物によっても過マンガン酸カリウムが消費されるため，この値は有機物の絶対量を表すものではない．しかし，人間活動による水質汚染 (下水，工場排水など) は，過マンガン酸カリウムを消費するアンモニアなどの還元性無機化合物も排出するので，過マンガン酸カリウム消費量は重要な汚染の指標として使われる．過マンガン酸カリウムは塩化物イオンによっても消費されるので，海水などの試料を分析する場合には硝酸銀溶液を加えて塩化物イオンを沈殿除去してから滴定を行わなければならない．実験では，衛生試験法に定められた方法に基づいて，硫酸酸性にした検水に一定量の過マンガン酸カリウムを加え一定時間加温状態に保ち，含まれる全ての還元性物質を酸化する．次に，一定 (過剰) 量のシュウ酸ナトリウム ($Na_2C_2O_4$) を加えて未反応の MnO_4^- を分解し，消費されなかったシュウ酸ナトリウムを過マンガン酸カリウム標準溶液で逆滴定する方法で行う．CODは，次の式 (4.21) によりを求めることができる．

$$COD(mg\,酸素) = (a - b) \times f \times \frac{1000}{V} \times 0.0800 \tag{4.21}$$

＊1　COD：Chemical Oxygen Demand，化学的酸素要求量．

a：試料の滴定に要した $0.01\,\mathrm{N}$ $KMnO_4$ 標準溶液の体積 (mL)

b：空試験で要した $KMnO_4$ 標準溶液の体積 (mL)

f：$0.01\,\mathrm{N}$ $KMnO_4$ 標準溶液のファクター

V：試料水の体積 (mL)

　実験室外で水質を簡単に知る目的で COD 用のパックテストキットが市販されている．パックテストには COD と表示された高濃度測定用と COD(D) と表示された低濃度測定用の 2 種類がある．いずれも，過マンガン酸カリウムを主成分とする薬品を小型のプラスチック容器に詰め，ここに検水を吸い上げたときに起こる呈色反応を利用しておおよその COD 値を知ることができる．実験では，同じ検水について過マンガン酸滴定で求めた値とパックテストで求めた値を比較する．

実験 2.1a　過マンガン酸カリウム標準溶液の標定

　実験台によって準備されているシュウ酸ナトリウム標準溶液の正確な濃度は異なる．使用した標準液の濃度を実験ノートに記し，一連の実験を行う間は，同一の標準液を用いる．5 mM シュウ酸ナトリウム (0.01 規定) 標準溶液 2.00 mL をホールピペットでビーカーにとり，これに蒸留水約 5 mL と 3 M 硫酸 2 mL を加える．溶液をホットプレートで加熱し 55〜60℃にする．つぎにビュレットから 2 mM 過マンガン酸カリウム溶液 (0.01 規定) を，ゆっくりかき混ぜながら 1〜2 mL 加える．始めはなかなか反応が進まないので，色が消えるまでかき混ぜながら加温する．一度反応が起こり赤紫色が消えると以降は速やかに色が消えるようになるので，ゆっくりと過マンガン酸カリウム溶液を加える．終点に近づくとまた色が消えるのが遅くなるので，終点前の 0.5〜1 mL は 1 滴ずつ注意して加え，前の滴によって現れた色が消失してから，つぎの 1 滴を加えかき混ぜる．淡紅色が 30 秒間程度継続する点を終点とする．過マンガン酸カリウム溶液は濃い紫色をしているため，ビュレットの液面の最底部に相当する目盛を読み取ることは困難である．このときビュレットの後に懐中電燈をおいて読み取れば容易である．また，止むを得ないときは液面の最上部を読んでもよい．もちろん滴定の最初の読みと最後の読みはいずれかの方法に統一しておく．紅色の消えない点を終点とすると，これは過マンガン酸カリウム溶液が過剰に加えられた点に相当するので，その終点補正 (ブランクテスト) が必要である．それには滴定のときと同量の硫酸をとり，脱イオン水を加えて全容を滴定終点時の溶液とほぼ同量になるように合せて，60℃に温めてから過マンガン酸カリウム溶液を 1 滴おとして，そのときの色を滴定した試料液の色と比較し，同じ程度の色になるまで過マンガン酸カリウム溶液を滴定する．このときに使用した過マンガン酸カリウム溶液の体積を前の滴定数から差引く．

データの整理

　滴定結果から，過マンガン酸カリウム溶液の正確な濃度を求めよ．

実験 2.1b　パックテストキットを用いた COD の測定

　普段の生活で排出している身のまわりで使っているもののおおよその COD をパックテストキットを用いて測定する．日本酒，ワイン，みりんなどの液体サンプルは，ホールピペットとメスフラスコを使って原液を 1/1000〜1/10000 に薄めて用いる．高濃度用パックテストで測定し，もしこれでは濃

度が高すぎて測定限界に入らないときには，測定限界に入るまで 1/10 ずつ薄め続ける．河川，湖沼などから採取した水はそのまま使う．洗剤など固体または粘度の高いサンプルは，天秤を使って約 1 g をとり，これを正確に秤量し，ビーカー内で約 20 mL の水を加えて溶液にし，100 mL メスフラスコに移し正確に 100 mL の溶液を作る．この溶液をパックテストで測定し，濃度が高すぎて測定限界に入らないときには，ホールピペットとメスフラスコを使って測定限界に入るまで 1/10 ずつ薄め続ける．パックテストで COD 値が 50〜100 mg/L と求まった試料について実験 2.1c を行う．

実験 2.1c　過マンガン酸カリウム滴定による COD の測定

硫酸溶液を水浴 (60 ℃) 上で温めながら，実験 2.1a と同一の 2 mM 過マンガン酸カリウム溶液を微紅色が消えずに残るまで滴下し，過マンガン酸カリウム処理硫酸を調整する．コニカルビーカーに検水 100 mL をメスシリンダーで量りとり，過マンガン酸カリウム処理硫酸約 10 mL および 0.05 M AgNO$_3$ 溶液約 2 mL を加え，よく振り混ぜてから 5 分間放置する．これに 2 mM 過マンガン酸カリウム溶液を正確に 10.00 mL 加える (ビュレットから滴下する)．沸騰水浴中にコニカルビーカーを入れ 30 分間加熱する．この時点で過マンガン酸カリウムの色が残っていなかったら，検液が濃すぎるので希釈した検液を用いてやり直さなければならない．ビーカーを水浴から取り出し，ただちに 5 mM シュウ酸溶液をホールピペットで正確に 10.00 mL 加えて脱色させる．温度を 60〜80 ℃ に保ちながら，2 mM 過マンガン酸カリウム溶液で滴定し，微紅色が 30 秒以上消えずに残る点を終点とする．検水の代わりに蒸留水 100 mL をメスシリンダーで量りとり，過マンガン酸カリウム処理硫酸約 10 mL および 0.05 M AgNO$_3$ 溶液約 2 mL を加えて調整したブランクテスト用検液について同じ操作を行いブランクテストとする．

データの整理

実験 2.1a で求めた過マンガン酸カリウムの正確な濃度と今回の滴定結果から検液の COD 値を求めよ．

4.3 キレート滴定

　金属イオンと配位子とが配位結合してできた化合物を一般に金属配位化合物または錯塩と呼ぶ. 1個の分子内に1個の配位基を有する配位子 (たとえば H_2O, NH_3 など) を一座配位子, 2個の配位基をもったものを二座配位子 (たとえば $NH_2CH_2CH_2NH_2$, エチレンジアミン), 一般に2個以上の配位基をもったものを多座配位子と呼ぶ. 多座配位子が金属イオンと配位結合すると, その形があたかもカニがハサミで金属イオンをはさんでいるかのように見えるのでギリシャ語のカニのハサミを意味する chela より, 金属キレート化合物とよぶ.

　溶液中で錯体ができる反応を利用して金属イオンの定量が可能である. 滴定液としては金属と安定な錯体を作る多座配位子を用いる場合が多く, エチレンジアミン四酢酸

$$\begin{array}{c} HOOCH_2C \\ \\ HOOCH_2C \end{array} \!\!\!\!\!> N\text{--}CH_2\text{--}CH_2\text{--}N <\!\!\!\!\! \begin{array}{c} CH_2COOH \\ \\ CH_2COOH \end{array}$$

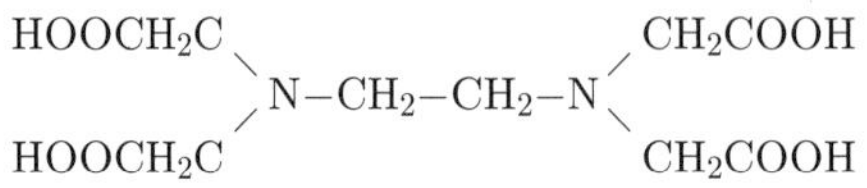

はその代表的なものである. エチレンジアミン四酢酸は略して EDTA と呼ばれ, ほとんどの金属と極めて安定な図4.1のような金属キレート化合物を作る. EDTA は四塩基酸であるので H_4Y と略記される. EDTA のように金属イオンと安定なキレートを作る反応を利用した滴定をキレート滴定と呼ぶ. キレート生成反応の平衡定数は EDTA の場合, 表4.1のようになっており, 中和反応による水の生成定数に匹敵する.

$$M^{n+} + Y^{4-} \rightleftarrows MY^{n-4} \tag{4.22}$$

$$K = \frac{[MY^{n-4}]}{[M^{n+}][Y^{4-}]} \tag{4.23}$$

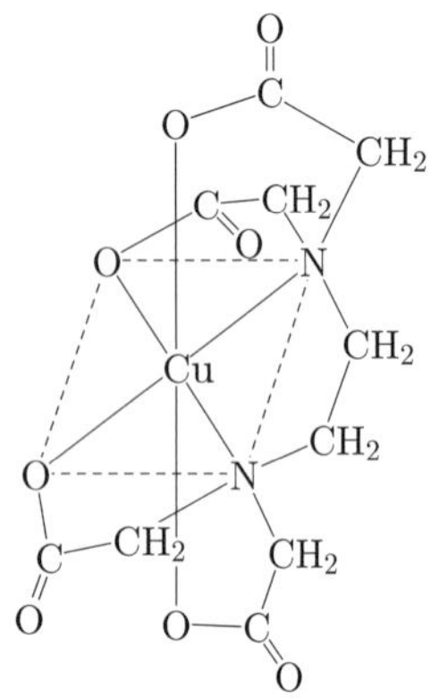

図4.1 Cu の EDTA キレート

当量点では金属イオン濃度 [M] が急激に減少して, pM ($-\log[M]$) の急激な変化が起こり, これを鋭敏な指示薬を用いることにより識別して終点を求めることができる.

　EDTA は4価の酸であるから4段に解離する. 金属イオンに配位する能力のある Y^{4-} の濃度は pH に依存し, H_4Y が完全解離して, Y^{4-} のみとなるのは pH が10以上のときである. したがって, pH が低くなると Y^{4-} 濃度が低くなり, 見かけのキレート生成定数は小さくなり, ある pH 以下ではキレート化合物を作らない. 逆に pH が高くなると多価金属イオンは水酸化物を生成することが多く, これら水酸化物の安定度がキレート生成定数よりも高くなるとキレート化合物の解離が起こる. したがって一般に安定なキレート化合物が生成するのはある pH 範囲内に限られる.

$$M^{n+} + H_4Y \rightleftarrows MY^{n-4} + 4H^+$$

滴定溶液中の金属イオン濃度 [M] もしくは EDTA 濃度 [Y] の変化を, 横軸に滴定率 $\left(a = \dfrac{[Y]}{[M]}\right)$ を縦軸に pM ($= -\log[M]$) をプロットすると滴定曲線 (図4.2) が得られる.

　ある金属イオン M の溶液を EDTA 溶液で滴定するとき, 溶液中の解離している金属イオン濃度と EDTA 濃度をそれぞれ $[M']$, $[Y']$ とすると金属イオン全濃度 C_M および EDTA 全濃度 C_Y について以下の式が成立する (実際の反応では副反応を考慮する必要があるが, ここでは考えないものとする).

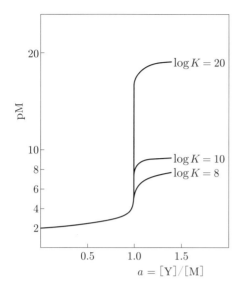

図 4.2 種々の安定度定数における金属イオンの EDTA による滴定曲線

表 4.1 EDTA の金属キレートの安定度定数 (20 ℃)

金属イオン	$\log K$
Al^{3+}	16.13
Ca^{2+}	10.70
Co^{2+}	16.31
Cu^{2+}	18.80
Fe^{2+}	14.33
Fe^{3+}	25.10
Hg^{2+}	21.80
La^{3+}	15.50
Mg^{2+}	8.69
Mn^{2+}	14.04
Ni^{2+}	18.62
Pb^{2+}	18.04
$VO_2{}^{2+}$	18.77
Zn^{2+}	16.50

$$C_\mathrm{M} = [\mathrm{MY}] + [\mathrm{M}'] \tag{4.24}$$

$$C_\mathrm{Y} = [\mathrm{MY}] + [\mathrm{Y}'] \tag{4.25}$$

式 (4.24), (4.25) より

$$C_\mathrm{Y} = C_\mathrm{M} - [\mathrm{M}'] + [\mathrm{Y}'] \tag{4.26}$$

式 (4.23), (4.24) より

$$[\mathrm{Y}'] = \frac{C_\mathrm{M} - [\mathrm{M}']}{[\mathrm{M}']K} \tag{4.27}$$

式 (4.27) を式 (4.23) に代入すると

$$a = 1 - \frac{[\mathrm{M}']}{C_\mathrm{M}} + \frac{1}{[\mathrm{M}']K} - \frac{1}{C_\mathrm{M}K} \tag{4.28}$$

ここで, C_M が大きいと当量点前の pM の値は低くなり, K が大きいほど当量点後の pM の値が高くなることから, $C_\mathrm{M}K$ が大きいほど当量点における pM の変化が大きくなる. キレート滴定を行うには $C_\mathrm{M}K$ が十分に大きな値をとらなければならず, 式 (4.28) 右辺の第 4 項は無視でき,

$$a = 1 - \frac{[\mathrm{M}']}{C_\mathrm{M}} + \frac{1}{[\mathrm{M}']K} \tag{4.29}$$

当量点前 ($a < 1$) では, 右辺の第 3 項は無視できるので

$$[\mathrm{M}'] = (1 - a)C_\mathrm{M} \tag{4.30}$$

当量点 ($a = 1$) では, 式 (4.29) より

$$\mathrm{pM} = \frac{1}{2}(\log K - \log C_\mathrm{M}) \tag{4.31}$$

濃度未知の金属イオンを EDTA で滴定したとき, その溶液濃度を滴定曲線 (図 4.2) と式 (4.31) から求めることができる.

当量点後 $(a > 1)$ では，式 (4.29) 右辺第 2 項が無視でき

$$[M] = \frac{1}{(a-1)K} \tag{4.32}$$

と表される．

　キレート滴定には，金属指示薬が使われる．pH 指示薬は色素分子から水素イオンが解離することにより変色を起こす性質を利用したものであるが，金属指示薬も金属イオンと指示薬とがキレート化合物を生成した場合とそれ自身の色とが異なることを利用する．たとえばエリオクロムブラック T (EBT) は pH 7〜11 で青色であり，これが金属イオンと結合することにより赤紫色となる．

エリオクロムブラック T：EBT

実験 3.1　ミネラルウオーターの硬度測定実験

　試料ビンから硬度測定用水を適量ビーカーに移し，ホールピペットで試料を 20.00 mL とり，コニカルビーカーに入れる．pH 10 の緩衝液 (1.0 M NH$_4$Cl と 1.0 M NH$_3$ を 1：4 の割合で混合した溶液) 3〜4 mL を加えて 60 ℃ に加温し，EBT 指示薬をスパーテルに 1 杯加え，赤色から紫色に変わるまで EDTA 標準液で滴定する．同様の方法で 3 回以上滴定を行う．

データの整理

　水の全硬度を求めよ．水の全硬度は，水中のカルシウムおよびマグネシウムの量を対応する物質量の CaCO$_3$ の量 (mg/L) に換算したものである．

$$0.01\,M\ EDTA = 0.01\,M\ Ca, Mg$$

5

電磁波のエネルギーとスペクトル

5.1 様々な光源の発光スペクトル

電磁波は，電場と磁場の振動として真空中も伝わり，エネルギーを運ぶことができる．電磁波がもつエネルギー (E) は波長 (λ) に反比例し，式 (5.1) の関係のように振動数 ($\nu = c/\lambda$) に比例する．ここで c は光速を表す．この式の比例定数 h はプランク定数 ($h = 6.626 \times 10^{-34}$ J Hz^{-1}) である．通常われわれが目にする太陽や電球 (白熱灯) などの光は，幅広い波長 (振動数) 領域にまたがった電磁波を含んでいる．

$$E = h\nu \tag{5.1}$$

エネルギーの値に広がりをもった光 (連続光) は，プリズムや回折格子など (分光器) を使うことよって波長ごとの光に分離することができ，口絵図 2 のように波長ごとに光の強度を示したものをスペクトルと呼ぶ．太陽光や白熱灯の光のようにエネルギーの値に広がりをもった光は帯状のスペクトル (連続スペクトル) を与え，ナトリウムランプ光のように単一波長の光を含んだ光は 1 本の輝線 (スペクトル線) としてそのスペクトルを与える．太陽や白熱灯のように高温の物体から光が放射される現象は黒体放射と呼ばれており，放射される光は連続光で，その光の強度が最大になる波長は物体表面の温度が高いほど短波長になることが知られている．表面温度が 1000 K ほどのロウソクは赤〜オレンジ色の光を出しているが，放射強度の最大値は波長の長い赤外光領域にある．白熱電球は表面温度が 2500 K 程度の温度のタングステンフィラメントから出る放射で，放射強度の最大値はロウソクよりも短波長の赤色光の領域にあり，波長の短い青い光も少し含まれているので黄色の光に見える．太陽の表面温度は約 6000 K で，放射強度の最大値は緑色の領域にあり，さらに波長の短い青い光も波長の長い赤い光も含まれているので，ヒトには白い光 (白色光) と感じられる．

一方，ナトリウムランプのような原子の電子遷移による発光では，特定の波長に強い発光を示し，その光の波長は原子軌道のエネルギー差に由来することから，元素の種類に固有の輝線スペクトルを示す．

実験では，プリズムを使った分光器で様々な光源を分光し，そのスペクトルを肉眼で観測する．そこから色と光の波長の関係を学び，原子スペクトルのスペクトル線から電子状態遷移を考察する．

5.1.1 原子スペクトルと原子の構造

スペクトル線の光は，高エネルギー状態にある原子，イオン，分子が低いエネルギー状態に戻るとき余分なエネルギーを電磁波の形で放出することで発生する．このようなもののエネルギーは固有の飛び飛びの値しかとりえないので，高エネルギー状態 (E_2) と低エネルギー状態 (E_1) の差に相当するエネルギーをもった波長の光 ($h\nu = E_2 - E_1$) のみが放射される．道路の照明としてよく目にするオレンジ色の街燈にはナトリウムランプが使われている．このランプは，ナトリウムの蒸気に放電によってエネルギーを与えることで高エネルギー状態のナトリウム原子を作り出し (励起)，これが元のエネルギーの低い状態に戻るときに出る波長約 590 nm の光を利用するものである．この発光はナトリウムの炎色反応としてもおなじみのものである．このときは，ガスバーナーの炎の熱エネルギーによる励起を利用している．

水素放電管から放射される水素原子の発光を分光器で観測すると，可視光領域に数本のスペクトル線を肉眼で観察できる．これを写真で測定するともっと多くの弱いスペクトル線が観測できる．水素

分子は，放電管内で電極から流れ出た高速の電子と衝突することによって，エネルギーをもらって高いエネルギー状態にある水素原子になる．水素原子は，図5.1のように電子がエネルギーの最も低い基底状態 (E_1) にあるものから，エネルギーの高い励起状態 (E_2, E_3, E_4, E_5, $\cdots$) にあるものまでとることができる．励起状態 E_n ($n > 2$) にある水素原子で電子がエネルギーの低い状態 (E_2) に遷移するとき，余ったエネルギーが可視光として放射される．このような遷移によって放射される一群の線スペクトルをバルマー (Balmer) 系列と呼ぶ．たとえば $n = 3$ から

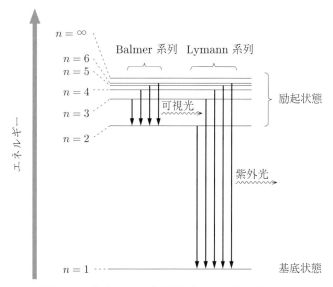

図5.1 水素原子の光放射系列に関する模式図

の遷移は $\lambda = 656\,\mathrm{nm}$，$n = 4$ からの遷移は $486\,\mathrm{nm}$，$n = 5$ からの遷移は $434\,\mathrm{nm}$ の線スペクトルとして観測される．同じく，ある励起状態から基底状態 (E_1) への遷移は，エネルギーのもっと大きな紫外光を放射しライマン (Lymann) 系列と呼ばれる．たとえば，E_2 状態から E_1 への遷移は $\lambda = 122\,\mathrm{nm}$ に現れる．近赤外領域 ($\lambda = 800 \sim 2000\,\mathrm{nm}$) に現れるのがパッシェン (Paschen) 系列と呼ばれる E_3 への遷移である．このような E_m から E_n ($n < m$) への電子の遷移に基づいて放射される電磁波の波長 (λ) は，各状態間のエネルギー差 $E_m - E_n$ を反映しており，次のような関係式 (5.2) が成り立つ．R はリュードベリ定数で水素原子の場合，$R = 1.097 \times 10^7\,\mathrm{m}^{-1}$ である．各スペクトル線の強度は遷移の起こる頻度に依存している．

$$\frac{1}{\lambda} = R\left(\frac{1}{n^2} - \frac{1}{m^2}\right) \tag{5.2}$$

　各状態 (E_n) において，添え字で表されている数 (n) を主量子数という．ナトリウム原子からの放射には，主量子数 (n) から求まる波長の光以外にも多くの光が出ている．これを理解するためにはs，p，dで表される原子軌道を考慮する必要がある．原子軌道には，エネルギー準位の低いものから 1s，2s，2p，3s，3p，3d，4s，4p，4d，$\cdots$ 軌道があり，エネルギー準位の低い方から電子は2個ずつ順に詰まっている．原子番号11のナトリウムでは，図5.2のように3s軌道に1個電子が詰まった状態が基底状態になる．電子線からエネルギーをもらってナトリウム原子が励起されるときには，最高エネルギー準位にある3s電子がもっと上の準位に遷移する．この状態からエネルギーの低い状態へと遷移するときに放射が起こるが，遷移の種類によってさまざまな波長の光が放出される．np 軌道 (3p，4p，$\cdots$) から3s軌道への遷移による放射によるスペクトル線群が主系列と呼ばれる．たとえば3pから3sへの遷移の場合，$\lambda = 589.3\,\mathrm{nm}$ のオレンジ色の光に相当する強い光が放射される．nd 軌道 (3d，4d，$\cdots$) から3p軌道への遷移による放射によるスペクトル線群は第1副系列，ns 軌道 (4s，5s，$\cdots$) から3p軌道への遷移による放射によるスペクトル線群は第2副系列と呼ばれる．それぞれの遷移から放射されるスペクトル線の波長 (λ) は，主量子数 (n) と s，p，d に相当するパラメータに基づいて式 (5.3) ～(5.5) のように表される．ここで $R = 1.097 \times 10^7\,\mathrm{m}^{-1}$，各パラメータに $s = 1.374$，$p = 0.8849$，

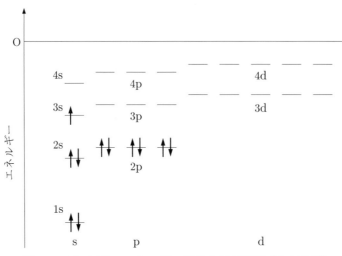

図 5.2 Na 原子のエネルギー準位と電子配置 (基底状態)

$d = 0.0082$ を適用すると，表 5.1 に示したナトリウム原子の各系列に属する主なスペクトル線の波長が求まる．

表 5.1 各スペクトル線の波長 (計算値)

		波長/nm (遷移モード)				
主 系 列	λ_p	589.3 (3p→3s)	331.3 (4p→3s)	285.6 (5p→3s)	268.1 (6p→3s)	259.4 (7p→3s)
第1副系列	λ_d	815.8 (3d→3p)	567.2 (4d→3p)	497.2 (5d→3p)	466.0 (6d→3p)	449.0 (7d→3p)
第2副系列	λ_s		1161.4 (4s→3p)	618.3 (5s→3p)	515.7 (6s→3p)	475.0 (7s→3p)

$$\text{主系列} \quad : \frac{1}{\lambda_\mathrm{p}} = \frac{R}{(3-s)^2} - \frac{R}{(n-p)^2} \qquad n > 3 \tag{5.3}$$

$$\text{第1副系列} : \frac{1}{\lambda_\mathrm{d}} = \frac{R}{(3-p)^2} - \frac{R}{(n-d)^2} \qquad n > 3 \tag{5.4}$$

$$\text{第2副系列} : \frac{1}{\lambda_\mathrm{s}} = \frac{R}{(3-p)^2} - \frac{R}{(n-s)} \qquad n > 4 \tag{5.5}$$

　電磁波のエネルギーも励起に使われる．このとき 2 つの軌道のエネルギー差に相当する波長をもった光だけが吸収されるので，暗色のスペクトル吸収線として観測される．このような原子の励起から得られる発光や吸収は，波長が厳密に決まっているので原子の種類を特定する情報として有力なものである．

| **実験 1.1a** | **分光器の較正とナトリウムの原子スペクトルの測定** |

　図 5.3 で示した光学システムのように，分光器のスリット，凸レンズを，光学台とプリズムが一直線になるようにセットし，ナトリウムランプを光学台の付近に置く．ナトリウムランプの光がスリット上に焦点を結ぶように光学台とランプの位置を調節する．セットが終わったら，波長目盛付きコリメーターの後ろの懐中電灯を点灯し，望遠鏡をのぞきながら波長目盛盤を水平に合わせる．最初はスリットを全開にしてよいが，光軸が定まったらできる限り閉じて観察する．スペクトルと波長目盛の

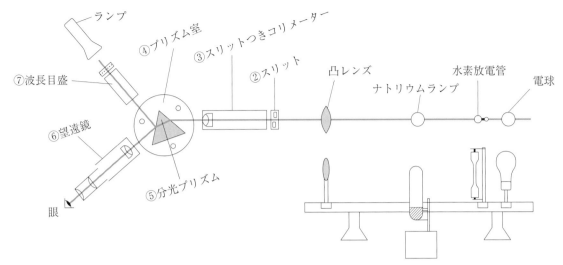

図5.3 光学システム

ピントは望遠鏡の筒を前後に動かすことで合わせられる.

　ナトリウムのD線が約600 nm付近の波長目盛列外にある目盛線の位置にくるように分光器の波長目盛盤を合わせる.このD線目盛のない分光器では,589.3 nmの位置にナトリウムのD線がくるように調節する.さらに望遠鏡下の回転ねじを回すことによって,ナトリウムの原子スペクトルを測定する.観測されたスペクトル帯中の各波長と色を記録せよ.

データの整理

　ナトリウムランプの実験で観察されたすべてのスペクトル線に対して,その波長,見た目の色,どのような準位間の遷移と考えられるか(3p → 3sのように示す)を表にまとめる.

例	観測波長	色	帰　属	
	592 nm	589.3 nm		3p→3s
	·	·		·
	·	·		·
	·	·		·

実験1.1b　水素の原子スペクトル

　光学台に固定している水素放電管の電源を入れ[1],望遠鏡をのぞいてスペクトルを観測し,その波長を求めよ.なお,この前に白熱電球によるスペクトルをのぞいて,赤色部分が視野の中心付近にくるようにしておくこと.水素放電管の線スペクトルが見えないときは,望遠鏡をのぞきながら光学台全体を前後にゆっくり動かして調節せよ.このとき最初スリットを全開にし,スペクトルを観測しながら行うとよい.そして光軸が一致したとき,ゆっくりとスリットを閉じながら再び微調節する.なお,水素放電管の光の強度は非常に弱いため,部屋を暗くしないとスペクトルが見えないことがある(放電管電源は高圧なので注意).

---

*1　水素放電管の両極には約3000 V以上の高電圧がかかわるので,電極に触れて感電しないように注意する.スライダックの電圧のつまみをまわしてゼロから徐々に電圧を上げていき,水素放電管が安定して点灯する最も低い電圧に設定する.観測が終ったらスライダックの電圧のつまみをゼロにもどしてスイッチを切る.水素放電管は高価であり,その寿命は比較的短いので使用しないときは点灯したままにしないでスイッチを切っておく.

データの整理

① 水素放電管の実験で観察されたすべてのスペクトル線に対して，その波長，見た目の色，どのような励起状態 ($n = 3$ のように示す) から $n = 2$ の状態への遷移かを表にまとめる．(可視光として観察されているので，Balmer 系列として考える.) 必要であればリュードベリ定数の値を調べ，用いてもよい.

② Balmer 系列のスペクトルの波長は，式 (5.2) で表される．データの整理 ① でまとめた実験結果から，縦軸を波長の逆数 ($1/\lambda$)，横軸を n^2 の逆数 ($1/n^2$) としたグラフを作成する．

課題

データの整理 ② で作成したグラフの傾きを近似直線により求め，リュードベリ定数 R を実験的に求めよ．また，求めたリュートベリ定数と文献値を比較し違いについて考察せよ．文献値を引用した資料は引用すること．

ヒント：波長の逆数を Y，n^2 の逆数を X おくと，式 (5.2) は式 (5.6) のように表され，その直線の傾きが $-R$ となる．

$$Y = R \left(\frac{1}{2^2} - X \right) \tag{5.6}$$

5.1.2 各種光源の発光スペクトル

励起状態にある分子が，熱や他の分子にエネルギーを与える形で少しだけエネルギーを失うと，元より低い準位の別の励起状態に変化する．ここから基底状態に遷移が起こると，励起に要した (吸収) 光より波長の長い光が放射される．このようにして出る光を蛍光という．蛍光の性質をもつ分子は熱，化学反応，電気によってエネルギーを得ることや，他の励起分子からのエネルギー移動で発光することがある．このような材料は照明やディスプレイなどに利用されている．たとえば，蛍光灯は，水銀蒸気を封入したガラス管中に放電し，励起水銀原子から放射された紫外光で管の内壁面に塗布した蛍光材料を励起させて放射された可視光の蛍光を利用する．室内照明に広く用いられている 3 波長型蛍光灯は，赤，緑，青の三原色の蛍光を出す蛍光材料を組み合わせて太陽光に近い白色光を作り出している．白色発光ダイオードでは，青色発光ダイオードの光で黄色蛍光物質を励起し，放射された黄色の蛍光と元の青色の光を混ぜて白色光を作り出している．このように，われわれの身のまわりの光源は，様々な発光機構の光源や蛍光色素などを組み合わせることで白色に見える光を作り出している．

実験 1.2 各種光源のスペクトル

白熱灯 (色温度 2850 K)，蛍光灯，白色発光ダイオードを実験 1.1a でナトリウムランプがセットされていた位置の光学台に取り付け，それぞれの分光スペクトルを観測し記録せよ．電球スペクトルの観察した後に 3 色のカラーフィルターをスリットの前に置き，電球スペクトルに対してそれぞれのフィルターの影響を調べよ．

課題

観察したそれぞれの光源について，その見た目やスペクトルの違いについて説明する．また，それぞれの光源の発光原理を調べ，スペクトルの見た目に違いが生まれることとの関係について考察せよ．

5.2 物質の構造と吸収スペクトル

物体が太陽の白色光から赤い光を吸収して取り去るとその物体は緑色に，またその逆に，緑色の光を吸収すると物体は赤色に見える．これは，ある特定の波長の光が物質に吸収され，残りの光が補色として反射もしくは透過することではじめて物体の色として観察できるからである．光の波長と色の関係を表5.2に示す．表の左と右の列は互いに補色の関係にある．ヒトの目の網膜細胞には，それぞれ赤色，緑色，青色

表5.2 吸収される光の波長と余色

吸収される光		余色	吸収される光		余色
波長 [nm]	色		波長 [nm]	色	
400〜435	紫	緑黄	560〜580	黄緑	紫
435〜480	青	黄	580〜595	黄	青
480〜490	緑青	橙	595〜610	橙	緑青
490〜500	青緑	赤	610〜750	赤	青緑
500〜560	緑	赤紫			

の光を選択的に吸収する色素が含まれており，各色素が光を吸収すると，化学変化が起こり，この変化が電気的シグナルに変わって脳に送られ，色として感じることができる．われわれが可視光と呼んでいる光は，このようにヒトの目の色素が吸収できる波長領域の電磁波である．これらの色素が吸収できない紫外光や赤外光を，ヒトの目では見ることができないが，哺乳類以外の動物には可視光より短い波長の近紫外光を見ることができるものも多くいる．

紫外，可視，近赤外領域の光が物質に吸収される際，その光のエネルギーは物質中の分子の電子遷移に使われる．分子内の電子 (分子軌道) のエネルギー準位は，前節で示した原子軌道のエネルギー準位と同様に離散的であり，分子軌道のエネルギー差に相当するエネルギーの光を照射すると，分子はその光を吸収し電子はより高いエネルギー準位に励起する[*2]．さらに，分子軌道の各エネルギー準位には，分子の振動や回転に伴うエネルギー間隔の狭い準位が多数存在する．そのため，分子の吸収 (発光) からは，原子のスペクトルのような線スペクトルではなく，バンドと呼ばれる幅広いスペクトルが観測される．有機化合物や金属錯体は，その分子軌道を反映して，特定の波長に吸収ピークをもち，可視領域での吸収の補色が化合物の色として観察される．本項の実験では，溶液の光の吸収を分光光度計で定量的に測定することで，溶液中の銅イオンの濃度を決定する方法や，溶液中のBTB分子の化学平衡について学ぶ．

5.2.1 吸光光度法による濃度の測定

吸光光度法 (absorption photometry) とは，物質の溶液中の濃度とその溶液が吸収する光の量との関係に基づいた分析法で，溶液に吸収された光の度合いを測定することにより，溶液中の物質の濃度を定量的に分析することができる．

吸光光度法の測定で用いる分光光度計の構成を図5.4に示した．分光光度計では，まず様々な波長の光を含んだ光源の光 (白色光) から，プリズムや回折格子を用いて，ある波長の光 (単色光) を取り出す．この強度 I_0 の単色光を，厚さが l で濃度が C の試料溶液に照射し，透過した光の強度 I を検出器によって測定する．照射した光が試料を通過する際に減衰する理由は，主に溶液の吸収によるものであり[*3]，入射した光の強度 I_0 に対して透過した光の強度 I を計測することで，その溶液がある波

[*2] 励起状態の分子は，そのエネルギーを発光に変換する放射過程，熱に変換する無放射過程，化学反応を伴う光化学的過程などを経て基底状態に遷移する．

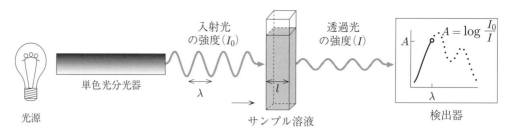

図 5.4　分光光度計の主要な構成要素

長の光をどれくらい吸収するかの情報を得ることができる．ここで，式 (5.7), (5.8) のように透過率 (T) と吸光度 (A) という値を定義する．

$$T = \frac{I}{I_0} \tag{5.7}$$

$$A = -\log_{10} T = \log_{10} \frac{I_0}{I} \tag{5.8}$$

透過率は照射した光に対し溶液を透過した光の割合であり，吸光度は透過率の逆数の常用対数をとったものである．ほぼすべての光が溶液を透過するとき，透過率は 1 に近い値を示し，吸光度は 0 に近い値を示す．一方，溶液によって光が吸収されるとき，透過率は小さな値となり，吸光度の値は大きな値となる．図 5.5 は，濃度 10 mM で厚さ 1 cm のテトラアンミン銅 (II) 錯イオン [Cu(NH$_3$)$_4$]$^{2+}$ および硫酸銅の溶液の吸光度 (A) を照射した光の波長 (λ) に対して描画したグラフであり，このようなグラフのことを吸収スペクトルと呼ぶ．この吸収スペクトルからわかるように，溶液中の物質によって吸収される光の強度は波長によって異なり，有色の溶

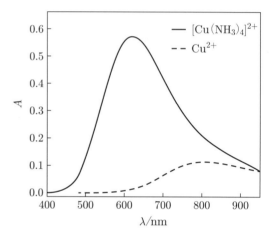

図 5.5　硫酸銅とテトラアンミン銅 (II) 水溶液 (10 mM) の吸収スペクトル

液であれば可視光領域で特定の波長の光が強く吸収されている．テトラアンミン銅 (II) 錯イオンや硫酸銅の溶液はそれぞれ濃青色と淡青色を呈色するが，吸収スペクトルからこれらの溶液がその補色の黄色から赤色の領域の光をより強く吸収していることが分かる．

　ここからは，溶液の色の濃さ，つまり吸光度の大きさについて学ぶ．希薄な溶液[*4]の吸光度 (A) と濃度 (C) や厚さ (l) との間には，ランベルト–ベールの法則 (Beer-Lambert law) と呼ばれる式 (5.9) の経験則が，任意の波長において成り立つことが知られている．

$$A = \varepsilon \cdot C \cdot l \quad (\varepsilon : \text{constant}) \tag{5.9}$$

[*3]　反射や散乱も入射光の減衰の理由となりうる．測定セルの反射による影響はブランク測定によって除くことができる．散乱による影響を防ぐため，測定セルに指紋などの汚れがついている場合は測定前にふき取る必要がある．また，溶液に沈殿が生成すると散乱によって正確な測定ができなくなるため，試料調製時には沈殿反応や異物の混入には十分気を付けること．

[*4]　高濃度の溶液では，溶質同士の相互作用による吸光度への影響や，透過光が検出限界以下となることなどが理由で，ランベルト–ベール則の関係が成り立たなくなる．

ここで，比例定数 ε は吸光係数と呼ばれる定数で，物質に固有の値であり，その波長において物質がどれくらい光を吸収するかを特徴づける値である[*5]．この吸光係数は，同じ物質であっても波長によって値が変化するが，この波長依存性も物質に固有であるため，図5.5に示したテトラアンミン銅(II)錯イオンと硫酸銅の溶液の吸光度のように異なる物質においては異なる形状のスペクトルが得られる．

　また，ランベルト–ベール則の式から，ある波長における溶液の吸光度はその溶液の濃度や厚さと比例関係にあることがわかる．したがって，いくつかの濃度の異なる標準着色液について，同じ厚さの測定容器に入れ，特定波長における吸光度を測定し，それらの値を濃度に対してプロットすれば原点を通る直線が得られる(図5.6)．このように，標準液などの測定結果から作成した，測定値と物質の量や濃度などとの関係を表すグラフのことを検量線(calibration curve)と呼ぶ．吸光度の測定値と濃度から作成した検量線は傾きが $\varepsilon \times l$ の直線となるので，この検量線を用いれば濃度未知の試料溶液の濃度を吸光度の測定値から求めることができる．

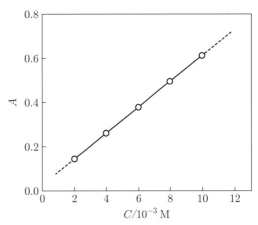

図5.6 テトラアンミン銅(II)水溶液の吸光度と濃度の関係

　実験では，溶液中の銅イオンの濃度について，正確な濃度に調整した硫酸銅の標準溶液をアンモニア水と水で希釈し，濃度の異なる5種類のテトラアンミン銅(II)錯イオン溶液を調整する．テトラアンミン銅(II)錯イオン溶液の吸光度測定から検量線を作成し，濃度未知の溶液の硫酸銅溶液の濃度を吸光光度法によって決定する．水溶液中の銅イオンは薄く着色しており，図5.5に破線で記した吸収スペクトルを示したように，810 nm に吸収極大をもっている．一方，銅イオンの溶液に過剰のアンモニア水を加えて生成するテトラアンミン銅(II)イオンの溶液は深青色となり，図5.5の実線のように，615 nm に吸収極大をもった吸収スペクトルを示す．この錯イオンのモル吸光係数は銅イオンのモル吸光係数よりも数倍大きいため，銅イオンをテトラアンミン銅(II)イオンに変えて615 nm あるいはその付近の波長で定量すれば，銅イオンのまま定量するときに比べ数倍高い感度で定量することができる．

| 実験2.1a | 硫酸銅標準溶液の調製 |

　秤量用プラスチックトレイに硫酸銅五水和物($CuSO_4 \cdot 5H_2O$，M.W. 249.7)の結晶 1.2〜1.3 g を量りとる．100 mL メスフラスコにロートを用いて硫酸銅の結晶を入れ，洗浄ビンの脱イオン水を用いてロート内およびプラスチックトレイ内の結晶を完全にメスフラスコの中に洗い落とす．さらに全量の7割程度の脱イオン水を加えて，ガラス栓をして上下反転を10回以上行い，結晶を溶解させる．このとき，液が泡立たないように注意する．もう一度水を加えて液のメニスカスを標線に一致させ，ガ

[*5]　吸光係数の値は，溶液の環境や外部から与えられた刺激によって変化することもある．たとえば，溶媒の極性の変化によるソルバトクロミズム，温度の変化によるサーモクロミズム，光照射によるフォトクロミズムなどが挙げられる．

ラス栓をして 2, 3 回逆さにして振り混ぜ，100 mL の均一な濃度の硫酸銅標準溶液を調製する．

実験 2.1b テトラアンミン銅 (II) イオンの比色用標準溶液と濃度未知試料溶液の調製

調製した硫酸銅標準溶液 1.00 mL，2.00 mL，3.00 mL，4.00 mL，5.00 mL をメスピペットで正確に量りとり，5 つの 25 mL メスフラスコにそれぞれ加え入れる．それぞれの溶液に 6 M アンモニア水 10 mL を駒込ピペットとメスシリンダーを用いて加え，軽く振り混ぜる．さらに脱イオン水を標線まで加えてガラス栓をし，逆さにしてよく振り混ぜ，深青色発色した 25 mL のテトラアンミン銅 (II) イオン比色用標準溶液を 5 つの異なる濃度で調製する．

次に，濃度未知の硫酸銅水溶液 1.00 mL を，清浄なメスピペットを用いて正確に量りとり 25 mL メスフラスコに加える．比色用標準溶液と同様，6 M アンモニア水 10 mL と脱イオン水を用いて発色させた 25 mL の濃度未知試料溶液を調製する．

発色前後の溶液の吸収スペクトルを比較するため，調整した標準溶液 5.00 mL を 25 mL メスフラスコに正確に量りとり，脱イオン水を加えて 25 mL にし発色させていない硫酸銅溶液を調製する．このとき，少量でもアンモニア水が加わると沈殿が生じるので，使用する器具はアンモニア水が付着していないか十分確認すること．

銅イオン濃度がゼロ，つまりアンモニア水と脱イオン水のみからなる対照液 (2.4 M アンモニア水) も測定に用いるが，共通試薬として用意してあるので調製する必要はない．

調製した，発色させていない硫酸銅溶液，5 つの比色用標準溶液，濃度未知試料溶液を，パスツールピペットを使って計 7 つの測定用セル[*6]に量り入れる．ピペット，測定用セルが水や他の溶液で濡れている場合は，必ず量りとる同じ溶液で 2, 3 回とも洗いしてから，測定セルに必要量移し入れる．次に，銅イオン濃度がゼロの対照液を共通試薬ビンから測定用セルへ直接移しとる．溶液の入った計 8 つの測定用セルは専用のセルホルダーに入れて倒さないように注意すること．

実験 2.1c 吸光度の測定と未知濃度の決定

吸光光度計を用いて，硫酸銅標準溶液を 5.00 mL 加えて発色させた比色用標準溶液と，比較として発色させていない硫酸銅溶液の 400〜1000 nm の吸収スペクトルを測定する．まず，対照液が入った測定用セルを吸光光度計にセットし，対照液の 400〜1000 nm の吸光度が 0 となるように吸光光度計を設定する (ブランク設定)．ブランク設定後，測定する溶液の入った測定セルを吸光光度計にセットし，吸光スペクトルを測定する．

次に，比色用標準溶液の 615 nm における吸光度を測定する．まず吸光光度計を固定波長測定モードに設定し，銅イオン濃度がゼロの対照液に対する 615 nm における吸光度が 0 になるようにベースライン測定 (ブランク測定) を行う．続いて，発色させた 5 種類のテトラアンミン銅 (II) イオン比色用標準溶液の 615 nm における吸光度を濃度が低い順に測定する．測定セルは必ず同一面から光が入射するように吸光光度計にセットし，測定面に水滴や汚れが付いている場合は綺麗に拭き取ること．最

[*6] 吸光光度計用セルの光が透過する面を，傷つけたり，汚したりしないように注意して扱う．手の脂も測定に影響を与えるので，光の通過する面に触らないようにすること．もしセルの光の通過する面を汚したときはきれいに拭きとってから使用すること．

後に濃度未知の銅イオン溶液についても測定し，吸光度が標準液の吸光度の範囲内にあることを確認する．ここで，濃度が標準溶液の範囲から外れているようであれば，溶液を再度調製する．

全ての測定が終わったら，測定セル内の溶液を捨て，脱イオン水でよく洗浄する．吸光光度計は初期画面に戻してから電源を切る．

データの整理

① 実験で得られたデータを表5.3，表5.4のようにまとめる．

② 発色させた比色用標準溶液と，比較として発色させていない硫酸銅溶液のスペクトルを，同じグラフに描画する．

③ 吸光度 A を縦軸に，各比色用標準溶液中の銅イオン濃度 C を横軸にとり実験データをプロットする．最小二乗法や Excel の近似曲線機能などで検量線を作成し，$A = a \cdot C + b$ の直線を描画する．ここで傾き a はモル吸光係数 ε とセル長 l の積 $\varepsilon \cdot l$ に相当するが，実験では $l = 1.00\,\mathrm{cm}$ の測定セルを使用している．なお対照液は銅イオン濃度がゼロであり，そのときの吸光度が 0 であるデータとして扱い，比色用標準溶液とあわせた計 6 つのデータを用いて検量線を作成する．

表5.3 結果のまとめ ①

硫酸銅五水和物の重量 [g]	
硫酸銅五水和物の物質量 [mol]	
硫酸銅標準溶液の濃度 [mol L^{-1}]	

表5.4 実験結果のまとめ ②

サンプル No.	溶液の種類	量りとった硫酸銅溶液の体積 [mL]	Cu^{2+} 濃度 C [mol L^{-1}]	吸光度 A
1	対照液	0.00	0.00	0.000
2	硫酸銅標準溶液	1.00		
3		2.00		
4		3.00		
5		4.00		
6		5.00		
7	濃度未知溶液			

課題

① 発色させた比色用標準溶液と，比較として発色させていない硫酸銅溶液のスペクトルを比較し，その違いについて考察する．また，比色分析にテトラアンミン銅 (II) 溶液の 615 nm の吸光度を用いた理由について考察せよ．

② 検量線から発色させた濃度未知試料溶液中の銅イオン濃度およびもとの濃度未知硫酸銅溶液の濃度を求めよ．

5.2.2 分子の吸収スペクトルと溶液の平衡

構造の変化を伴って大きく色調を変化させる化合物として，様々な酸塩基指示薬が知られている．ブロモチモールブルー (BTB) は，図5.7に示すような構造変化によって分子の吸収スペクトルの極大波長が大きく変化し，酸性で黄色を塩基性で青色を示す酸塩基指示薬として用いられている．

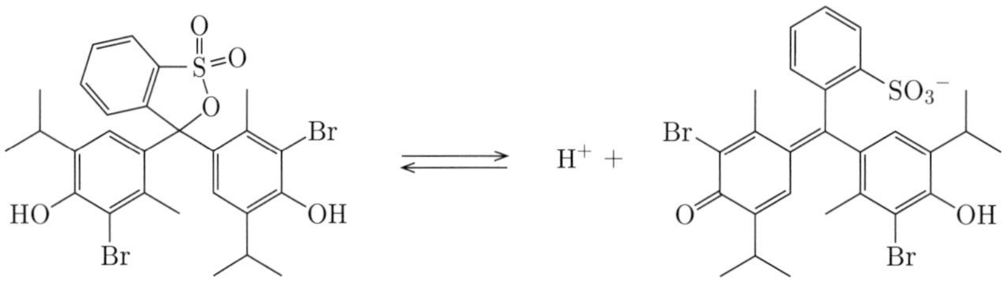

図 5.7 BTB 分子の溶液中での平衡

　この構造変化は水素イオンの付加・脱離を伴う平衡反応であり，その酸解離定数は式 5.10 で表される．

$$K_{\mathrm{a}} = \frac{[\mathrm{H}^+][\mathrm{L}^-]}{[\mathrm{HL}]} \tag{5.10}$$

$$\frac{[\mathrm{L}^-]}{[\mathrm{HL}]} = 10^{(\mathrm{pH}-\mathrm{p}K_{\mathrm{a}})} \tag{5.11}$$

　また，式 (5.10) を変形した式 (5.11) を見ると，溶液中には常にプロトン付加型の HL とプロトン脱離型の L⁻ が混在しており，その存在比は水素イオン濃度 (pH) によって変化することがわかる．また，この濃度比は pK_{a} の値に近い pH 領域において大きく変化することも分かる．この性質から BTB を酸塩基指示薬として用いることができ，pK_{a} の値の違いによって変色域の異なる様々な化合物が酸塩基指示薬として用いられている．実験では，BTB の酸解離定数を実験的に求めることを目的とする．酸解離定数を求めるためには，溶液の pH に加えて HL と L⁻ の濃度比を知る必要があるが，平衡状態にある BTB の濃度比を直接測定することは容易ではない．そこで，「**5.2.1　吸光光度法による濃度の測定**」で学んだ溶液の濃度と吸光度の関係を用いて，溶液の吸光度の測定から間接的に濃度に関する情報を得て，酸解離定数を求める．

　BTB 溶液のように，2 種類の化学種が混在する溶液の吸光度 (A) は，化学種ごとにランベルトベールの法則 [式 (5.8)] で表される吸光度を，それぞれ足し合わせた式 (5.12) で表される ($\varepsilon_{\mathrm{HL}}$, ε_{L} はそれぞれ HL および L⁻ の吸光係数で，l は光路長を表す).

$$A = \varepsilon_{\mathrm{HL}} \cdot [\mathrm{HL}] \cdot l + \varepsilon_{\mathrm{L}} \cdot [\mathrm{L}^-] \cdot l \tag{5.12}$$

　また，式 (5.11) から HL と L⁻ の存在比は pH が 1 変化するごとに 1 桁変化し，極端な酸性もしくは塩基性条件下では溶液中の HL や L⁻ のどちらかが他方と比べて無視できるくらいの量となることもわかる．このことから，十分に塩基性もしくは酸性の溶液のでは，それぞれほぼ純粋な L⁻ や HL の吸収スペクトルが観測されその吸光度はそれぞれ式 (5.13) と式 (5.14) のように近似でき，A_1 および A_2 とした．ここで，HL と L⁻ の濃度の和は，溶液に加えた BTB 試薬の量で決まるため常に一定であるので [HL]+[L⁻] $= C$ とし，十分に酸性条件の [HL] および十分に塩基性条件の [L⁻] を C と近似した．

酸性：　　　$A = \varepsilon_{\mathrm{HL}} \cdot C \cdot l = A_1 \tag{5.13}$

塩基性：　　$A = \varepsilon_{\mathrm{L}} \cdot C \cdot l = A_2 \tag{5.14}$

ここで，式 (5.12)，式 (5.13)，式 (5.14) より，任意の pH において以下の関係が成り立つ．

$$A - A_1 = (\varepsilon_L - \varepsilon_{HL})[L^-] \cdot l \tag{5.15}$$

$$A_2 - A = (\varepsilon_L - \varepsilon_{HL})[HL] \cdot l \tag{5.16}$$

式 (5.15)，式 (5.16) を変形すると，

$$[L^-] = \frac{A - A_1}{(\varepsilon_L - \varepsilon_{HL}) \cdot l} \tag{5.17}$$

$$[HL] = \frac{A_2 - A}{(\varepsilon_L - \varepsilon_{HL}) \cdot l} \tag{5.18}$$

式 (5.17)，式 (5.18) のように，溶液中の HL および L^- の濃度を吸光度を用いて表すことができた．
　これを式 (5.10) に代入すると，

$$K_a = \frac{A - A_1}{A_2 - A}[H^+] \tag{5.19}$$

式 (5.19) となり，その両辺の対数をとり変形すると，

$$\log_{10} \frac{A - A_1}{A_2 - A} = pH - pK_a \tag{5.20}$$

式 (5.20) のように，溶液の濃度を含まずに，溶液の吸光度 (A) と pH と平衡定数の関係を表すことができた．式 (5.20) を用いることで，溶液中の HL と L^- の濃度比を直接測定しなくても，様々な pH における吸光度を測定することで BTB の pK_a を実験的に求めることができる．BTB は，酸性で約 435 nm に塩基性で約 615 nm に吸収の極大をもち，pH 変化に対してこの波長における変化が最も大きく観測されるため，この波長での吸光度の値を用いて解析するとよい．

実験 2.2

　0.3 mM ブロモチモブルー (BTB) 50％エタノール溶液 1.00 mL をメスピペットで 25 mL メスフラスコに取る．ここに 6 種類 (pH 4, 6.25, 6.75, 7.25, 7.75, 10)[*7]の緩衝溶液を標線まで加えて，メスフラスコを 2〜3 回上下さかさまにして撹拌する．また，pH 7 の緩衝溶液を対照液 (ブランク液) とする．これらの溶液の 350 nm〜700 nm の吸収スペクトルを吸光光度計を用いて測定する．まず，対照液と pH の異なる試料溶液をパスツールピペットを用いて，それぞれ測定用セルに移す．対照液の 350 nm〜700 nm の吸光度が 0 となるように吸光光度計を設定する (ブランク設定)．ブランク設定後，測定する試料溶液の入った測定セルを吸光光度計にセットし，吸光スペクトルを測定する．pH の異なる試料溶液に対して測定を繰り返し，全ての試料溶液の吸収スペクトルを測定する．ブランク設定ははじめに 1 回行えばよい．

データの整理

① 測定した全てのスペクトルを 1 つのグラフに描画し，pH 変化に対するスペクトル変化を観察する．

② pH 4 および pH 10 の溶液において平衡が十分にプロトン付加型もしくはプロトン脱離型に偏っていると仮定し，その吸光度と溶液の濃度，光路長 ($l = 1$ cm) から ε_{HL} と ε_L の値を計算し，波長 λ

[*7]　緩衝溶液の正確な pH は実験室で確認すること．

に対してプロットせよ．吸光係数の計算は，350〜700 nm におけるすべての吸光度の測定データに対して行うので，Excel などの表計算ソフトを使うこと．

③　pH 4 の BTB 溶液の吸光度測定で観察された吸収スペクトルから，435 nm および 615 nm における吸光度 A_1 を読み取る．同様に，pH 10 の溶液の吸収スペクトルから，435 nm および 615 nm における吸光度 A_2 を読み取る．読み取った値を表にまとめる．

④　pH 7 付近の溶液の吸光度 A と，③で求めた A_1 および A_2 から，式 (5.20) の左辺の値を計算する．計算はそれぞれ，435 nm および 615 nm において行う．計算した値は，表にまとめる．

⑤　横軸を pH，縦軸を式 (5.20) の左辺としたグラフに実験データをプロットし，435 nm および 615 nm における吸光度と pH の関係を示す．

課題

①　酸性，塩基性それぞれにおける BTB の分子構造から，構造と色の関係について考察せよ．

②　データの整理で作成したグラフから，最小二乗法や Excel の近似曲線機能などで近似直線の式を求め (図 5.8)，式 (5.20) の関係から BTB の酸解離定数 pK_a の値を実験的に求めよ．

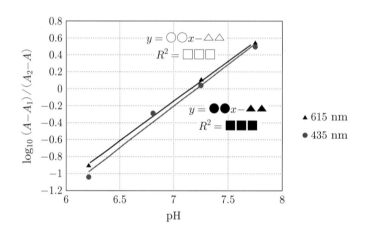

図 5.8　BTB の吸光度と pH の関係

③　吸光係数 ε は，物質固有の値であり，また同じ物質においても波長によって異なる値をとる．ここで，BTB のプロトン付加型およびプロトン脱離型の吸光係数 ε_{HL} と ε_L が偶然同じ値となる波長をデータの整理②で得られるグラフから求めよ．また，その波長における吸光度の pH 変化に対する挙動はどのようになるか，吸光度の式 (5.12) と $C = [HL] + [L^-]$ の関係から考え，実験の測定で得られたスペクトルについて考察せよ．

6

化学反応の速度とエネルギー

化学反応の速度は，単位時間あたりの出発原料の消失量または生成物の生成量と定義される．さらに，これらの反応速度 (v) は出発原料の濃度 ([S]) の関数として記述することができる．すなわち，S $\longrightarrow$ P のような1分子反応では式 (6.1) のような濃度 ([S]) に関する1次式，$S_1 + S_2 \longrightarrow$ P のような2分子反応では式 (6.2) のような濃度 $[S_1][S_2]$ に関する2次式で表される．ここで k は反応速度定数で，その次元は式 (6.1) では s^{-1} のような時間の逆数となる．このように，化学反応では，速度を時間の関数としてとらえるよりも，濃度の関数として扱う方が便利である．

$$v = k[\text{S}] \tag{6.1}$$

$$v = k[\text{S}_1][\text{S}_2] \tag{6.2}$$

　アーレニウス (Arrhenius) は，反応速度定数 (k) と絶対温度 (T) との間に式 (6.3) のような関係が成り立つことを発見した．ここで E_a は活性化エネルギーを，R は気体定数を表す．活性化エネルギーは，化学反応によって原料 S が生成物 P へ変化する経路のポテンシャル変化を図 6.1 のように表したとき，反応が進行するために越えなければならないエネルギー障壁に該当する．同じ温度では E_a の値が小さいほど反応速度が大きく (k が大きく) なる．また，式 (6.3) より室温付近 ($T = 300\,\text{K}$) では，温度が 10℃ 上昇すると反応速度が約2倍になると予想される．したがって反応速度を増加させるためには，触媒を用いて E_a

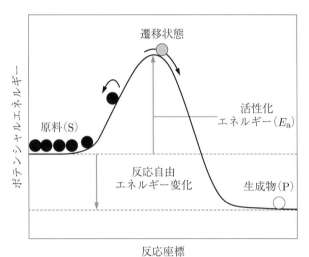

図 6.1　原料 S から生成物 P への化学反応におけるポテンシャルエネルギーの変化

の小さい反応経路を利用することや，温度を上昇させる方法が一般に用いられる．

$$\ln k = -\frac{E_a}{RT} + \text{const.} \tag{6.3}$$

　実際には，たとえば厳密に S $\longrightarrow$ P で示されるような理想的な1分子，1段階反応である例はほとんどない．通常の反応では，入口 (原料) と出口 (生成物) はそれぞれ1つであるが，途中にさまざまな中間体を通り多段階 (多くの連続した反応) を経るものが多い．これらの場合，実際に原料や生成物の量を基に測定される反応速度 (見かけの反応速度) は，反応式から求まる原料の濃度について関数式やアーレニウスの式に厳密に従うものではない．しかし，多段階反応であっても，たとえば遅い反応がその他の早い反応と組み合わさっている場合などでは，見かけの反応速度は最も遅い反応段階 (律速段階) の反応速度として求まることが多いので，反応速度を議論する方法の1つとして見かけの反応速度を用いることには意義がある．反応速度を厳密に測定するには，反応の途中で原料や生成物濃度の時間変化を測定しなければならないが，数分以内で完結するような速い反応の場合，反応が完結するのに要する時間を用いて見かけの反応速度を見積もることはできる．

6.1 化学的振動反応

化学振動反応を使って，反応温度と反応速度の関係および自律的なリズムを作り出す反応について学ぶ．生物は，物質の濃度を周期的に変化させることによってリズムを作り出している．このようなリズムは，生物に固有の現象と思われがちだが，生き物の力を借りなくても単純な化学反応によって発生させることができる．1958 年にソ連 (当時) の科学者が金属イオンを触媒として有機化合物を臭素酸で酸化する反応を行っているとき，偶然に反応液の色がネオンサインのように規則正しい周期で変わる現象を発見した．これは，ベルーゾフ・ジャボチンスキー (Belousov・Zhabotinskii, B・Z) 反応と呼ばれている．現在 B・Z 反応と呼ばれる反応にはいろいろな組み合わせが知られているが，ここではセリウムイオンを触媒として硫酸酸性の水溶液中で，全体として式 (6.4) のように臭素酸イオン (BrO_3^-) でマロン酸 ($CH_2(COOH)_2$) を酸化させる反応を用いる．この反応の場合，黄色の Ce^{4+} と無色の Ce^{3+} の間での色の変化を観察する．実際の反応は複雑な過程が組み合わさっており，Ce^{4+} と臭化物イオン (Br^-) の濃度が消費と再生を繰り返すことで周期的に変化する．主な Ce^{4+} の消費過程は式 (6.5) および (6.6)，再生過程は式 (6.7) である．また，Br^- の生成過程は式 (6.6)，消費過程は式 (6.8) に示すようなものである．

$$3BrO_3^- + 5CH_2(COOH)_2 + 3H^+ \longrightarrow 3BrCH(COOH)_2 + 2HCOOH + 4CO_2 + 5H_2O \tag{6.4}$$

$$6Ce^{4+} + CH_2(COOH)_2 + 2H_2O \longrightarrow 6Ce^{3+} + HCOOH + 2CO_2 + 6H^+ \tag{6.5}$$

$$4Ce^{4+} + BrCH(COOH)_2 + 2H_2O \longrightarrow 4Ce^{3+} + HCOOH + Br^- + 2CO_2 + 5H^+ \tag{6.6}$$

$$BrO_3^- + 4Ce^{3+} + CH_2(COOH)_2 + 5H^+ \longrightarrow BrCH(COOH)_2 + 4Ce^{4+} + 3H_2O \tag{6.7}$$

$$BrO_3^- + 2Br^- + 3CH_2(COOH)_2 + 3H^+ \longrightarrow 3BrCH(COOH)_2 + 3H_2O \tag{6.8}$$

Ce^{4+} がマロン酸やブロモマロン酸 (反応の途中で生成する $BrCH(COOH)_2$) を酸化して，Ce^{3+} に還元されるため反応液は無色になる [式 (6.5)，(6.6)]．この一連の反応で Br^- が生成し，Br^- の濃度が高くなるとセリウム Ce^{4+} による酸化反応が停止する．Ce^{3+} は BrO_3^- で酸化されて Ce^{4+} に戻るとき反応液は再び黄色を呈する．同時にマロン酸がブロモマロン酸に臭素化され [式 (6.7)]，ブロモマロン酸は，式 (6.8) のようにマロン酸に BrO_3^- と Br^- が反応することでも生成する．この反応で Br^- が消費され濃度が低くなると，再びセリウム $Ce(IV)$ による酸化反応が起こり，以下これらの過程を繰り返しながら Ce^{4+}，Ce^{3+}，Br^- の濃度が図 6.2 のように振動する．このとき，振動の周期は各反応の速度を総合したもので決まり，反応速度が大きくなれば周期は短くなる．実験では，B・Z 反応の周期と温度との関係を調べ，それをもとに B・Z 反応全体の活性化エネルギーを求める．

Ce^{4+}，BrO_3^-，マロン酸を混合した反応開始時点では，第 1 回目の周期にあたり全体の反応を成り立たせるためのブロモマロン酸や Br^- は存在しない．これらが生成するためには時間が必要で，第 2 回目以降の周期 (振動期と呼ぶ) とは長さが異なる．この期間のことを誘導期と呼ぶ．図 6.2 の上の図で，Ce^{4+} の濃度が Ce^{3+} より大きいとき $\left(\log \dfrac{C(Ce^{4+})}{C(Ce^{3+})} \text{の値が大きいとき} \right)$ には溶液の色は黄色を示し，小さいときは無色となる．

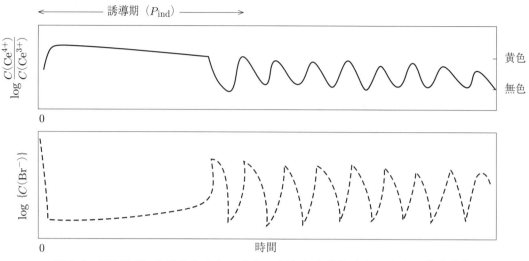

図 6.2 BZ 反応におけるセリウムイオン (上) と臭化物イオン (下) の濃度変化

実験 1.1

　実験は 35 ℃, 40 ℃, 45 ℃, 50 ℃ の 4 回に分けて行う. それぞれの実験のうちの 1 つの操作を以下に示す. 試験管 (1) に 3.0 M H_2SO_4 10.0 mL を入れ, これを目的とする温度の恒温槽にスタンドを使って浸けよ. 次に試験管 (2) に 0.25 M $KBrO_3$ 5.0 mL を, 試験管 (3) に 0.02 M の $Ce(NH_4)_4(SO_4)_4$ 2.5 mL (1.0 M H_2SO_4 水溶液) を, さらに, 試験管 (4) に 1.0 M $CH_2(COOH)_2$ 5.0 mL を準備せよ.

　試験管 (1) に試験管 (2) および試験管 (3) の液を加え, 硫酸が飛び出さないように注意してよくふり混ぜた後そのまま恒温槽に浸けよ. 試験管 (4) をもう一方のスタンドを使い同じ恒温槽に 5 分間浸けよ. 試験管 (1) を恒温槽につけたまま試験管 (4) の液を素早く流し込み, そのときを反応開始時間とする. 試験管 (1) の液を恒温槽中で硫酸が飛び出さないように注意してはげしくふり混ぜながら反応の様子を観察せよ. 温度の高いときは約十数秒程で液の色が変化しはじめる. 色が消え最初 (1 回目) の色が出始めた時間を誘導期 (Pind) とせよ. そのまま恒温槽中で液をふり混ぜながら新しく液の色が出始める時間を 11 回目 (誘導期の後, 10 回の振動反応を観測する) まで測定せよ. 指定された温度ごとの測定結果を "表 6.1　発色の回数と時間" にまとめよ.

データの整理

① 振動反応実験の結果を, 表 6.1 および 6.2 のようにまとめる.

表 6.1　発色の回数と時間

温度	発色回数										
℃	1	2	3	4	5	6	7	8	9	10	11
時間 [s]											
周期 [s]											

② 表 6.2 の値をグラフにし, 反応の誘導期および振動期のアーレニウスプロットを作成する.

③ アーレニウスプロットの近似直線から, 誘導期および振動期の活性化エネルギーを求める.

表6.2 アーレニウスプロット用のデータ整理

t [℃]				
T^{-1} [K^{-1}]				
P_{ind}^{-1} [s^{-1}]				
P_{osc}^{-1} [s^{-1}]				
$\ln\left(1/P_{\mathrm{ind}}\right)$				
$\ln\left(1/P_{\mathrm{osc}}\right)$				

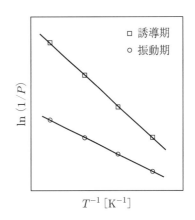

図6.3 アーレニウスプロット

課題

「振動反応」や「活性化エネルギー」,「触媒」について調べ,そのなかで興味をもったことについて,その内容やそれについて考えたことをまとめて説明せよ.ここで調べた資料は引用すること.

6.2 ヨウ素イオンの分解反応

ここでは，ヨウ素酸イオン (IO_3^-) と亜硫酸水素イオン (HSO_3^-) との酸化還元反応を用いて，反応速度と濃度の関係について学ぶ．この反応は全体として式 (6.9) として表せるが，実際には以下の式 (6.10)〜(6.12) の 3 段階の反応から構成されている．反応は，硫酸酸性下で行いデンプンを加えておくと，生成したヨウ素がヨウ素–デンプン反応を示すので反応の終点を溶液の着色で知ることができる．ここで式 (6.10) および式 (6.11) の段階よりも，式 (6.12) の反応は極めて速く起こるので，反応途中 (HSO_3^- が残っている状態) であれば式 (6.11) で生成したヨウ素は速やかに消費されてしまいヨウ素–デンプン反応を示すことはない．

$$2IO_3^- + 5HSO_3^- \longrightarrow I_2 + 5SO_4^{2-} + 3H^+ + H_2O \tag{6.9}$$

$$IO_3^- + 3HSO_3^- \longrightarrow I^- + 3SO_4^{2-} + 3H^+ \tag{6.10}$$

$$5I^- + IO_3^- + 6H^+ \longrightarrow 3I_2 + 3H_2O \tag{6.11}$$

$$I_2 + HSO_3^- + H_2O \longrightarrow 2I^- + SO_4^{2-} + 3H^+ \tag{6.12}$$

この反応の見かけの反応速度は，一定温度条件下でヨウ素酸カリウム (KIO_3) 水溶液と二亜硫酸ナトリウム ($Na_2S_2O_5$) の硫酸酸性溶液にデンプンを少量加えたものとを混合し，溶液が呈色するのに要する時間をストップウォッチで測定することで求まる．一定の温度条件で KIO_3 および $Na_2S_2O_5$ の濃度を変化させて速度を求め，出発原料の濃度と反応速度との関係を求める．

実験 2.1

乾燥した 5 本の試験管を用意し，5 mL メスピペットを使いそれぞれに 0.02 M KIO_3 水溶液を 1.00，2.00，3.00，4.00，5.00 mL ずつ量りとる．ここに同じように 5 mL メスピペットを使いそれぞれに水を 4.00，3.00，2.00，1.00，0 mL 加え濃度の異なる 5 mL の溶液を作る．試験管を 30 ℃ の恒温槽に入れ，温度が一定になるまで 10 分以上静置する．別に乾燥した 5 本の試験管を用意し，デンプンを含んだ 0.002 M $Na_2S_2O_5$ の硫酸溶液各 5.00 mL をホールピペットで量りとり，試験管を 30 ℃ の恒温槽に入れ温度が一定になるまで 10 分以上静置する．恒温槽中で先に用意した KIO_3 水溶液の入った試験管 1 本に，すばやく 0.002 M $Na_2S_2O_5$ の硫酸溶液の入った試験管 1 本の中身を加えよくふり混ぜる．同時にストップウォッチをスタートさせ，溶液が着色するまでの時間を測る．この測定を，濃度の異なる KIO_3 溶液全てについて行う．

データの整理

5 つの試験管の反応開始時 (溶液を混合したとき) の KIO_3 の濃度 $[KIO_3]$ と，溶液が着色するのに要した (反応) 時間 t とその逆数 t^{-1} の関係を表にまとめよ．$[KIO_3]$ (横軸) と t^{-1} (縦軸) の関係をグラフにせよ．このグラフについてどんなことがわかるか．

7

レポートの書き方

レポートは，皆さんが行った実験の詳細 (目的，手順，方法) やそれから得た結果をわかり易く記述し，結果や観察を基に考察したことを報告するものである．レポートの目的は先の実験に関する報告だけでなく，皆さんが実験を通して何をどれだけ学んだかを報告するものである．常にこれは，他人に読まれるものであることを念頭に置いて作成しなければならない．したがって，高い内容を記述することは当然だが，さらに文章，図，表をわかりやすくまとめ，読み手に読みやすく清書しなければならない．

書式は報告事項によって様々であるが，今後皆さんが受ける実習や研究室に配属されてから提出する報告書，卒業論文などの基礎となる書き方を学んでもらう目的から，化学実験では基本的に以下の事項に注意して作成するように指導する．講義資料の説明や化学実験ホームページも参考にして，より優れたレポートが書けるよう努力して欲しい．化学実験のレポートは次の形式や注意に従うこと．

A4 サイズの用紙を縦長に用い，横書きで作成する．用紙の上下左右に少なくとも 20 mm 程度の余白をとり，用紙の余白にはページ番号以外記入しないこと．1 ページ目には実験名，提出者所属氏名，実験日などの事項を明記した表紙を付けること．文字は読みやすい大きさで，適当な字間，行間をとり，10〜12 ポイント程度の明朝またはゴシック体などの読みやすいフォントで記入する．

レポートには，実験の目的，実験操作・手順，得られた結果と整理，課題の解答，考察の順に，それぞれ詳細かつ明瞭に記述する．レポートの記載内容は，実験ノートに準拠していなければならない．特に，実験操作や結果は必ず実験ノートの記入内容と一致していなければならない．結果の整理は，実験によって得られた結果を用いて行い，使った計算式や文献などから得られた値などは明記する．多数の結果や数値結果などは，表にまとめるとわかりやすい．計算を行う際には，式の羅列ではなく説明を必ず記入し，有効数値の取り扱いに配慮する．グラフを作る場合には先に表を作り，表もレポートに記入する．グラフや表には，必ず通し番号を付け，レポートの記述ではこの番号と記述を対比させる．また，何の表やグラフであるかわかるようにタイトルを必ず付ける．グラフを作成する際は実験結果の理解に必要な情報を得ることのできるグラフが書けているかどうか確認する．軸の説明や目盛と目盛の値が正しく記入されていないグラフはレポートには不適切である．

考察は，実験 (予習・結果整理も含める) 中に気付いた疑問点，興味ある点，新たな発見などについて，自らのオリジナルな観点から既知の文献や資料を調べ，考え導き出した結論や推論などを客観的に記述したものでなければならない．ここでは，そのような結論や推論などを導き出した過程が，筋道立てて論理的に記述されることが必要である．このような観点から，テキスト，参考文献のまる写しは考察とはよべないし，参考にした文献などの出典 (著者，書名，ページ数，出版社，発行年) は明記されなければならない．さらに，感想など主観的事項および科学的な原因に基づかない実験の失敗の弁解などは考察として書くべきではない．すなわち，化学実験のレポートでは，考察は最初に授業の目的で述べた実験を通した学習についての達成度をアピールするために重要なことがらである．

文献などの資料は，出典を明確にしながら大いに利用することが，学習効果を上げるために重要である．一方，インターネット上の情報には注意するべきである．責任ある公的機関や学会が公開しているインターネットサイトや電子書籍を除けば，個人サイトや誰でも書き込みできるようなサイトに公開されている情報や内容をそのまま信用ことは止めるべきである．

その他の注意事項

(1) 化学実験に記載されている操作は一般的な方法が書かれているが，レポートでは自分が実施したことがらを書かなければならない．必ずしも両者が一致しているとは限らない．

(2) △☆○◎A↑→⇨∴∵などの意味のない記号を使う人が多数見られる．このような記号の乱用をしてはいけない．やむを得ず記号を使った場合，脚注に必ずその意味を書かなければならない．

(3) 数字，ローマ字には，特に注意すること．たとえば，数字 0 (ゼロ) とローマ字の O (オー，大文字)，o (オー，小文字)，P (大文字)，p (小文字) など．

(4) 用字，用語は正確を期すること．たとえば，pH (決して PH ではない) や元素記号 (CO と Co) など．

(5) 2 回以上読み直して，書き直しや修正を行う．できれば，他人に読んでもらうとよい．

(6) 本注意が守られているかどうか確かめる．

(7) レポートが返却された場合は，教員の注意や指示をよく読んで，次回からのレポートをよりよいものにするよう努力する．

　表とグラフの書き方の例を以下にあげる．その他，例年レポートの採点をしていて気になったことがらを列記しておく．これらを正してよいレポートを作成するように気を付けてもらいたい．

(例) 0.1 M KOH による酢酸の滴定

KOH の量 (mL)	pH	指示薬 a)
0.00	3.31	黄
0.50	3.57	黄
1.02	3.65	〃
⋮	⋮	⋮
5.57	5.81	黄 b)

a) プロモチモールブルーを使用
b) 滴下時に変色がはじまる

表を作るときの注意事項

(1) 同じレポートに複数の表がある場合，必ず通し番号を付ける．タイトルはそれだけで表の内容が理解できるに必要十分なものとする．

(2) 表中に註やコメントがある場合，a) b) ⋯，*) **) ⋯，1), 2), ⋯，など一連の記号をつけ，1 対 1 に対応ができるように書く．

(3) 表番号，表タイトルを表の上に記す．

(グラフの例)

グラフを作るときの注意事項

(1) 手描きの場合は必ずグラフ用紙 (1 mm 方眼) を用いること

(2) 図は値を読み取るときに十分な大きさで描くこと．

(3) 番号，タイトルは表の場合と同じ．ただし，図番号，図タイトルは図の下に書く．

(4) 実測点および線は明確に示す．軸の説明，単位，目盛は必ず必要である．傾きの角度は 30〜60°

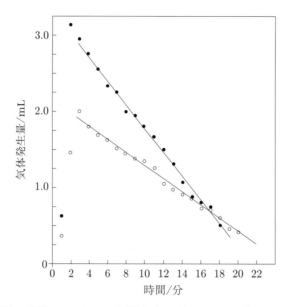

図 1（例） H_2O_2 の分解速度　● 303 K，○ 298 K

が望ましい.

(5)　1つの図に複数の実験結果を載せるときには，データの区別がしやすいように測定点，グラフの記号，色を変えるなどの工夫をする. また，それぞれの記号やグラフが何を示しているかがわかるように凡例を示す.

酸，塩基の電離定数 (25 ℃)

酸または塩基	反 応 式		K_a または K_b
フ ェ ノ ー ル	$C_6H_5OH + H_2O \rightleftarrows H_3O^+ + C_6H_5O^-$		3.2×10^{-10}
ホ ウ 酸	$H_3BO_3 + H_2O \rightleftarrows H_3O^+ + H_2BO_3^-$		6.4×10^{-10}
シアン化水素酸	$HCN + H_2O \rightleftarrows H_3O^+ + CN^-$		7.2×10^{-10}
プ ロ ピ オ ン 酸	$C_2H_5COOH + H_2O \rightleftarrows H_3O^+ + C_2H_5COO^-$		1.4×10^{-5}
酢 酸	$CH_3COOH + H_2O \rightleftarrows H_3O^+ + CH_3COO^-$		1.8×10^{-5}
安 息 香 酸	$C_6H_5COOH + H_2O \rightleftarrows H_3O^+ + C_6H_5COO^-$		6.1×10^{-5}
ギ 酸	$HCOOH + H_2O \rightleftarrows H_3O^+ + HCOO^-$		1.8×10^{-4}
亜 硝 酸	$HNO_2 + H_2O \rightleftarrows H_3O^+ + NO_2^-$		3.9×10^{-4}
フ ッ 化 水 素 酸	$HF + H_2O \rightleftarrows H_3O^+ + F^-$		6.6×10^{-4}
硫酸水素イオン	$HSO_4^- + H_2O \rightleftarrows H_3O^+ + SO_4^{2-}$		1.2×10^{-2}
硫 化 水 素 酸	$H_2S + H_2O \rightleftarrows H_3O^+ + HS^-$	K_{a1}	1.2×10^{-7}
	$HS^- + H_2O \rightleftarrows H_3O^+ + S^{2-}$	K_{a2}	1×10^{-15}
炭 酸	$H_2CO_3 + H_2O \rightleftarrows H_3O^+ + HCO_3^-$	K_{a1}	4.3×10^{-7}
	$HCO_3^- + H_2O \rightleftarrows H_3O^+ + CO_3^{2-}$	K_{a2}	5.6×10^{-11}
亜 硫 酸	$H_2SO_3 + H_2O \rightleftarrows H_3O^+ + HSO_3^-$	K_{a1}	1.6×10^{-2}
	$HSO_3^- + H_2O \rightleftarrows H_3O^+ + SO_3^{2-}$	K_{a2}	6.3×10^{-8}
シ ュ ウ 酸	$\begin{matrix}COOH \\ | \\ COOH\end{matrix} + H_2O \rightleftarrows H_3O^+ + \begin{matrix}COO^- \\ | \\ COOH\end{matrix}$	K_{a1}	5.9×10^{-2}
	$\begin{matrix}COO^- \\ | \\ COOH\end{matrix} + H_2O \rightleftarrows H_3O^+ + \begin{matrix}COO^- \\ | \\ COO^-\end{matrix}$	K_{a2}	6.4×10^{-5}
リ ン 酸	$H_3PO_4 + H_2O \rightleftarrows H_3O^+ + H_2PO_4^-$	K_{a1}	7.5×10^{-3}
	$H_2PO_4^- + H_2O \rightleftarrows H_3O^+ + HPO_4^{2-}$	K_{a2}	6.2×10^{-8}
	$HPO_4^{2-} + H_2O \rightleftarrows H_3O^+ + PO_4^{3-}$	K_{a3}	4.8×10^{-13}
ア ニ リ ン	$C_6H_5NH_2 + H_2O \rightleftarrows C_6H_5NH_3^+ + OH^-$		3.9×10^{-10}
ピ リ ジ ン	$C_5H_5N + H_2O \rightleftarrows C_5H_5NH^+ + OH^-$		1.5×10^{-9}
ア ン モ ニ ア	$NH_3 + H_2O \rightleftarrows NH_4^+ + OH^-$		1.8×10^{-5}
トリメチルアミン	$(CH_3)_3N + H_2O \rightleftarrows (CH_3)_3NH^+ + OH^-$		6.3×10^{-5}
メ チ ル ア ミ ン	$CH_3NH_2 + H_2O \rightleftarrows CH_3NH_3^+ + OH^-$		4.2×10^{-4}
ジ メ チ ル ア ミ ン	$(CH_3)_2NH + H_2O \rightleftarrows (CH_3)_2NH_2^+ + OH^-$		5.9×10^{-4}
ヒ ド ラ ジ ン	$N_2H_4 + H_2O \rightleftarrows N_2H_5^+ + OH^-$	K_{b1}	8.5×10^{-7}
	$N_2H_5^+ + H_2O \rightleftarrows N_2H_6^{2+} + OH^-$	K_{b2}	8.9×10^{-16}

目盛付遠沈管

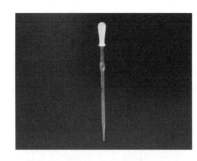

駒込ピペットとゴムキャップ

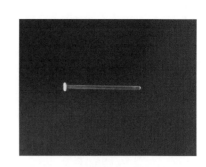

撹拌棒

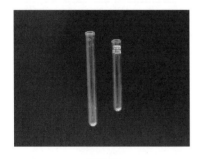

試験管

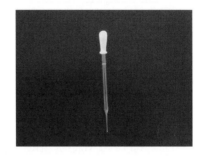

パスツールピペットとゴムキャップ

pH 試験紙

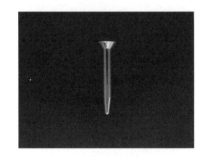

遠沈管

ロート

点滴皿

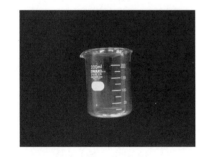

ビーカー

桐山ロートとアダプター

カセロール

メスシリンダー

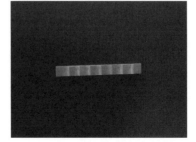

ピペット台

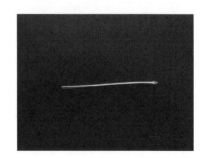

スパーテル

薬さじ

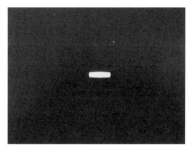

撹拌子

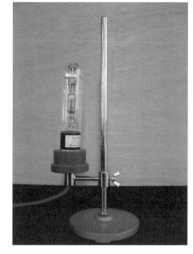

ナトリウムランプ

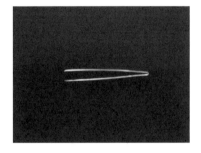

ピンセット

スターラー

素焼き板

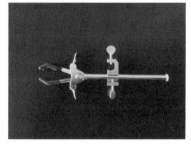

クランプ

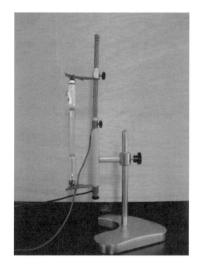

水素放電管

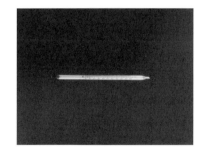

温度計

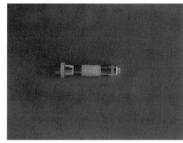

LED 光源

洗ビン

理系基礎化学実験　第3版

2017 年 4 月 20 日	第 1 版	第 1 刷	発行
2018 年 2 月 25 日	第 1 版	第 11 刷	発行
2018 年 2 月 28 日	第 2 版	第 1 刷	発行
2021 年 2 月 20 日	第 2 版	第 4 刷	発行
2022 年 2 月 25 日	第 3 版	第 1 刷	発行
2024 年 2 月 10 日	第 3 版	第 3 刷	発行

著　者　　村 田 静 昭

伊 藤 英 人

珠 玖 良 昭

長 尾 征 洋

発 行 者　　発 田 和 子

発 行 所　　株式会社 学術図書出版社

〒113-0033　東京都文京区本郷 5-4-6
TEL 03-3811-0889　振替 00110-4-28454
印刷　三美印刷（株）

元　素　の

	1	2	3	4	5	6	7	8	9
1	₁H 水素 1.008 1s¹								
2	₃Li リチウム 6.941 [He]2s¹	₄Be ベリリウム 9.012 [He]2s²							
3	₁₁Na ナトリウム 22.99 [Ne]3s¹	₁₂Mg マグネシウム 24.31 [Ne]3s²							
4	₁₉K カリウム 39.10 [Ar]4s¹	₂₀Ca カルシウム 40.08 [Ar]4s²	₂₁Sc スカンジウム 44.96 [Ar]3d¹4s²	₂₂Ti チタン 47.87 [Ar]3d²4s²	₂₃V バナジウム 50.94 [Ar]3d³4s²	₂₄Cr クロム 52.00 [Ar]3d⁵4s¹	₂₅Mn マンガン 54.94 [Ar]3d⁵4s²	₂₆Fe 鉄 55.85 [Ar]3d⁶4s²	コバ 58.9 [Ar]
5	₃₇Rb ルビジウム 85.47 [Kr]5s¹	₃₈Sr ストロンチウム 87.62 [Kr]5s²	₃₉Y イットリウム 88.91 [Kr]4d¹5s²	₄₀Zr ジルコニウム 91.22 [Kr]4d²5s²	₄₁Nb ニオブ 92.91 [Kr]4d⁴5s¹	₄₂Mo モリブデン 95.94 [Kr]4d⁵5s¹	₄₃Tc テクネチウム (99) [Kr]4d⁶5s¹	₄₄Ru ルテニウム 101.1 [Kr]4d⁷5s¹	ロジ 102 [Kr]
6	₅₅Cs セシウム 132.9 [Xe]6s¹	₅₆Ba バリウム 137.3 [Xe]6s²	₅₇La ランタン 138.9 [Xe]5d¹6s²	₇₂Hf ハフニウム 178.5 [Xe]4f¹⁴5d²6s²	₇₃Ta タンタル 180.9 [Xe]4f¹⁴5d³6s²	₇₄W タングステン 183.8 [Xe]4f¹⁴5d⁴6s²	₇₅Re レニウム 186.2 [Xe]4f¹⁴5d⁵6s²	₇₆Os オスミウム 190.2 [Xe]4f¹⁴5d⁶6s²	イリ 192 [Xe]
7	₈₇Fr フランシウム (223) [Rn]7s¹	₈₈Ra ラジウム (226)* [Rn]7s²	₈₉Ac アクチニウム (227) [Rn]6d¹7s²	₁₀₄Rf ラザホージウム (261.1) [Rn]5f¹⁴6d²7s²	₁₀₅Db ドブニウム (262) ([Rn]5f¹⁴6d³7s²)	₁₀₆Sg シーボーギウム (263) ([Rn]7s²5f¹⁴6d⁴)	₁₀₇Bh ボーリウム (264) ([Rn]5f¹⁴6d⁵7s²)	₁₀₈Hs ハッシウム (269) ([Rn]5f¹⁴6d⁶7s²)	マ ウ (26 [Rn]

₅₈Ce セリウム 140.1 [Xe]4f¹5d¹6s²	₅₉Pr プラセオジム 140.9 [Xe]4f³6s²	₆₀Nd ネオジム 144.2 [Xe]4f⁴6s²	₆₁Pm プロメチウム (145) [Xe]4f⁵6s²	₆₂Sm サマリウム 150.4 [Xe]4f⁶6s²	₆₃Eu ユーロピウム 152.0 [Xe]4f⁷6s²	₆₄Gd ガドリニウム 157.3 [Xe]4f⁷5d¹6s²	テ 158 [Xe
₉₀Th トリウム 232.0 [Rn]6d²7s²	₉₁Pa プロトアクチニウム 231.0 ([Rn]7s²6d¹5f²)	₉₂U ウラン 238.0 [Rn]5f³6d¹7s²	₉₃Np ネプツニウム (237) ([Rn]7s²6d¹5f⁴)	₉₄Pu プルトニウム (239) [Rn]5f⁶7s²	₉₅Am アメリシウム (243) [Rn]5f⁷7s²	₉₆Cm キュリウム (247) [Rn]5f⁷6d¹7s²	バ ム (24 [Rn

* "CRC Handbook of Chemistry and Physics, 84th ed.による.